**21世纪**

高职高专土建类设计专业精品教材
（园林工程技术系列）

# 景观施工图
# 设计与绘制

JINGGUAN SHIGONGTU
SHEJI YU HUIZHI

王　芳　杨青果　王云才　编著

上海交通大学出版社
SHANGHAI JIAO TONG UNIVERSITY PRESS

## 内容提要

本书以"珠海五洲花城"实际案例为线索,围绕此案例展开讲解,按照此案例施工图的内容,将施工图的绘制分为:总图部分、植物部分、分区部分和详图部分。希望借以此案例将景观施工图的绘制方法作一说明。

本书在讲解景观施工图的基础上,将景观施工图所涉及的内容,如景观图纸深度要求、水电部分图纸、图纸的输出和园林概预算的相关知识也做了相应介绍,与景观施工图的绘制方法构成本书的主体。

本书可作为有一定的 AutoCAD 绘图基础的景观行业从业人员及高职院校的学生等学习景观施工图识图和绘制时使用。

## 图书在版编目(CIP)数据

景观施工图识图与绘制 / 王芳,杨青果,王云才编著. —上海:上海交通
大学出版社,2014(2021 重印)
21 世纪建筑设计专业系列教材
ISBN 978-7-313-10744-2

Ⅰ.①景… Ⅱ.①王…②杨…③王… Ⅲ.①景观设计–工程施工–建
筑制图–识别–教材 Ⅳ.①TU986.2

中国版本图书馆 CIP 数据核字(2014)第 015775 号

## 景观施工图识图与绘制

编　著:王　芳　杨青果　王云才
出版发行:上海交通大学出版社　　　　　　地　　址:上海市番禺路 951 号
邮政编码:200030　　　　　　　　　　　　电　　话:021-64071208
印　　制:常熟市文化印刷有限公司　　　　经　　销:全国新华书店
开　　本:787mm×1092mm　1/16　　　　　印　　张:13.25
字　　数:285 千字
版　　次:2014 年 2 月第 1 版　　　　　　　印　　次:2021 年 12 月第 6 次印刷
书　　号:ISBN 978-7-313-10744-2
定　　价:30.00 元

# 前　言

在我国城乡基本建设快速发展的过程中,景观规划设计担负起"塑造美化我们生活的环境,保护我们赖以生存的地球"的重任,成为实践科学发展观,倡导生态文明,建设美好人居环境的专业技术和职业之一。多年来,园林工程技术在环境艺术、园林规划设计、城市规划设计等专业理论与技术的基础上,经过教学实践,逐渐发展形成了景观的观察认知、景观的测量与分析、景观的把握、景观的设计、景观施工与景观养护为主要教学内容的课程框架。从高职教学的目前现状来看,我国景观设计和园林工程技术教育存在起步晚、发展不平衡、概念模糊、内容不系统、理论不健全、教材建设滞后等问题。尤其是适合高职高专的教材更加缺乏。

我国是一个产业快速提升的发展中国家,职业教育已成为新时期我国教育的重点,工程硕士、专业硕士、高等职业技术教育成为职业教育的典型代表。就风景园林、园林、景观规划设计的行业发展来看,市场所真正需要和接纳的更多是具备良好动手能力和实际操作能力的景观设计师和工程师。因此结合高职高专教学特点,依照国家人力资源和社会保障部颁布的"注册景观设计师"考核标准,园林工程专业以培养助理景观设计师为目标。这既是就业市场上一块巨大的职业领地,也是我国现代化建设过程中必需的职业技术岗位,具有广阔的发展前景。"景观施工图设计"这门课程正是依托园林工程技术专业建设的大背景发展起来的。

上海济光职业技术学院"景观施工图设计"课程是上海市土建类精品课程。《景观施工图识图与绘制》是高等职业技术学院园林工程技术专业的系列教材之一,作为园林工程技术专业的一门实践性重于理论性的课程。在课程建设中,从更新教学理念入手,在融合当代环境与园林工程技术的基础上,对教学内容进行更新与重构,以体现教学内容的系统性、新颖性与实用性,有利于指导学生对知识的掌握和技能的应用。

本教材是校企合作办学的产物,由上海济光职业技术学院、上海园林工程公司、上海泛亚国际景观设计有限公司、同济大学等相关单位的工程师、设计师、教师联合编写,以理论够用、技术突出为原则,以实际工程设计施工为切入点,讲授景观设计施工的具体应用。

《景观施工图识图与绘制》立足景观施工图设计规范、景观施工图绘制和施工图应用等环节,立足于基本概念、技术规范、施工图绘制过程和实际应用,通过概念与实例的结合,由浅入深、循序渐进,通过对景观施工图设计的特点与不同阶段设计技能的掌握,提高园林工程专业景观设计和施工应用能力。

王云才

2013 年 11 月 10 日

# 目　　录

# 第 1 章
# 概　　述

　　本章内容主要分三个部分:第一部分介绍景观设计的一般步骤;第二部分介绍景观图纸中方案设计、扩初设计及施工图设计的深度内容;第三部分对本书中所引用的案例进行方案介绍,以便读者对后面的施工图部分有更全面的了解。

# 1.1 景观设计的一般步骤

## 1.1.1 景观设计步骤

一个景观设计项目从接到设计任务开始到项目最终建设完成,其中包含诸多的程序,并要求相关各部门的人员密切配合。只有尽可能地做到所进行的每一步都认真严谨,才能保证最终的景观能达到满意的效果。下面我们就景观设计所包含的一般步骤及其具体内容进行阐述。

### 1.1.1.1 接受设计任务、基地实地踏勘,同时收集有关资料

了解整个项目的概况,包括建设规模、投资规模、可持续发展等方面,特别要了解业主对这个项目的总体框架方向和基本实施内容。然后要到基地现场踏勘,收集规划设计前必须掌握的原始资料:

(1) 所处地区的气候条件,包括气温、光照、季风风向、水文、地质土壤(酸碱性、地下水位);主要生长植物种类、特点;当地文化背景。

(2) 周围环境,主要道路,车流、人流方向。

(3) 基地内环境,湖泊、河流、水渠分布状况,各处地形标高、走向等。

结合业主提供的基地现状图(又称红线图),对基地进行总体了解,对较大的影响因素做到心中有底,针对不利因素加以克服和避让;对有利因素进行充分的利用。此外,还要在总体和一些特殊的基地地块内进行摄像摄影,将实地现状的情况带回去,以便加深对基地的感性认识。

### 1.1.1.2 初步的总体构思及修改

熟悉设计任务书中对建设项目的各方面要求:总体定位性质、内容、投资规模、技术经济相关控制及设计周期等。

结合收集到的原始资料对构思草图进行补充、修改。逐步明确总图中的入口、广场、道路、湖面、绿地、建筑小品、管理用房等元素的具体位置。经过修改,使整个规划在功能上趋于合理,在构图形式上符合园林景观设计的基本原则:美观、舒适(视觉上)。

### 1.1.1.3 方案的修改和文本的制作包装

规划设计方案一般要求原则正确,立意具有新意,构图合理、简洁、美观,具可操作性等。

成果文件一般为一套完整的规划设计方案文本或 PPT 汇报文件,有些要求高的项目还要制作演示动画等。其中的内容包括:将方案的说明、投资框(估)算、水电设计的一些主要节点,汇编成文字部分;将规划平面图、功能分区图、绿化种植图、小品设计图、全景透视图、局部景点透视图等,汇编成图纸部分。

#### 1.1.1.4 业主的信息反馈

根据业主的反馈意见,修改、添删项目内容,增减投资规模,变动用地范围等。成果文件:调整后的规划总图和一些必要的方案调整说明、框(估)算调整说明等。

#### 1.1.1.5 方案设计评审会

方案评审会上,首先将设计指导思想和设计原则阐述清楚,然后再介绍设计布局和内容。将项目概况、总体设计定位、设计原则、设计内容、技术经济指标、总投资估算等诸多方面内容,向领导和专家们作一个全方位的汇报。

#### 1.1.1.6 扩初设计评审会

结合专家组方案评审意见,进行深入一步的扩大初步设计(简称扩初设计)。

成果文件:一套扩初文本。应有详细、深入的总体规划平面、总体竖向设计平面、总体绿化设计平面,建筑小品的平、立、剖面(标注主要尺寸)。在地形特别复杂的地段,应该绘制详细的剖面图。在剖面图中,必须标明几个主要空间地面的标高(路面标高、地坪标高、室内地坪标高)、湖面标高(水面标高、池底标高)。还应该有详细的水、电气设计说明,如有较大用电、用水设施,要绘制给排水、电气设计平面图。

#### 1.1.1.7 基地的再次踏勘,施工图的设计(上)

在上述程序都完成后,如果项目继续进行,就进入到施工图设计阶段。这时参加人员的范围会扩大,要增加建筑、结构、水、电等各专业的设计人员。同时要组织参与后期设计的人员再次踏勘现场,并要求精勘。

要掌握最新、变化了的基地情况并加以研究,然后调整随后进行的施工图设计。

成果文件:施工方急需的总平面放样定位图(俗称方格网图);竖向设计图(俗称土方地形图);一些主要的大剖面图;土方平衡表(包含总进、出土方量);水的总体上水、下水、管网布置图,主要材料表;电的总平面布置图、系统图等。

#### 1.1.1.8 施工图的设计(下)

先期完成一部分施工图,以便进行即时开工。紧接着要进行各个单体建筑小品的设计,这其中包括建筑、结构、水、电的各专业施工图设计。

方案负责人往往同时承担着总体定位、竖向设计、道路广场、水体,以及绿化种植的施工图设计任务,还要完成开会、协调、组织、平衡等工作。

#### 1.1.1.9 施工图预算编制

预算编制要包括:土方地形工程总造价,建筑小品工程总造价,道路、广场工程总造价,绿化工程总造价,水、电安装工程总造价等。

#### 1.1.1.10 施工图的交底

由业主牵头,组织设计方、监理方、施工方进行施工图设计交底会。各专业设计人员将对口进行答疑,要尽量结合设计图纸当场答复,现场不能回答的,应回去考虑后尽快做出答复。

#### 1.1.1.11 设计师的施工配合

设计师在工程项目施工过程中,应经常踏勘建设中的工地,解决施工现场暴露出来的设计问题、设计与施工相配合的问题,对主要植物、施工材料进行选择。

## 1.2 景观图纸深度内容

### 1.2.1 总则

为了加强对园林景观设计文件的编制、管理、保证各设计阶段设计文件的完整性,参照建设部颁发实施的《建筑工程设计文件编制深度规定》内容要求,编制建筑场地园林景观设计深度规定,以保证设计质量。

各设计阶段设计文件编制内容应符合国家现行有关标准、规范、规程以及工程所在地的有关地方规定。

适用于以建筑为主体的场地的园林景观设计。

建筑场地园林景观设计一般分为方案设计、初步设计及施工图设计三个阶段,现就这三个阶段的设计深度作出规定,供参考。

方案设计文件包括设计说明及图纸,其内容达到以下要求:

(1)满足编制初步设计文件的需要。

(2)提供能源利用及与相关专业之间的衔接。

(3)据以编制工程估算。

(4)提供申报有关部门审批的必要文件。

初步设计文件包括设计说明及图纸,其内容应达到以下要求:

(1)满足编制施工图设计文件的要求。

(2)解决各专业的技术要求,协调与相关专业之间的关系。

(3)能据以编制工程概算。

(4)提供申报有关部门审批的必要文件。

施工图设计文件包括设计说明及图纸,其内容应达到以下要求:

(1)满足施工安装及植物种植要求。

(2)满足设备材料采购、非标准设备制作和施工需要。

(3)能据以编制工程预算。

规定编制的设计文本深度要求,对于具体工程项目可根据项目内容和设计范围对本规定条文进行合理的取舍。

### 1.2.2 方案设计

1.2.2.1 方案设计文件内容

方案设计文件包括封面、目录、设计说明、设计图纸(其中封面、目录不作具体规定,可视工程需要确定)。

1.2.2.2 设计说明

设计依据及基础资料:

（1）由主管部门批准的规划条件（用地红线、总占地面积、周围道路红线、周围环境、对外入口位置、地块容积率、绿地率及原有文物古树等文件、保护范围等）。

（2）建筑设计单位提供的与场地内建筑有关的设计图纸，如总平面图、建筑一层平面图、屋顶花园平面图、地下管线综合图、地下建筑平面图、覆土深度、建筑性质、体型、高度、色彩、透视图等。

（3）园林景观设计范围及甲方提供的使用及造价要求。

（4）地形测量图。

（5）有关气象、水文、地质的资料。

（6）地域文化特征及人文环境。

（7）有关环卫、环保的资料。

### 1.2.2.3 场地概述

场地概述应包括以下内容：

（1）本工程所在城市、周围环境（周围建筑性质、道路名称、宽度、能源及市政设施、植被状况等）。

（2）场地内建筑性质、立面、高度、体形、外饰面的材料及色彩、主要出入口位置，以及对园林景观设计的特殊要求。

（3）场地内的道路系统。

（4）场地内需保留的文物、古树、名木及其他植被范围及状况描述。

（5）场地内自然地形概况。

（6）土壤状况。

### 1.2.2.4 总平面设计要求

总平面设计应包括以下内容：

（1）设计原则。

（2）设计总体构思，主题及特点。

（3）功能分区，主要景点设计及组成元素。

（4）种植设计：种植设计的特点、主要树种类别（乔木、灌木）。

（5）对地形及原有水系的改造、利用说明。

（6）给水排水、电气等专业有关管网的设计说明。

（7）有关环卫、环保设施的设计说明。

（8）技术经济指标（也可放在总平面图纸上）。

A. 建筑场地总用地面积_____ m²

B. 园林景观设计总面积_____ m²

其中：种植总面积_____ m²，及占园林景观设计总面积_____%；

铺装总面积_____ m²，及占园林景观设计总面积_____%；

景观建筑面积_____ m²，及占园林景观设计总面积_____%；

水体总面积_____ m²，及占园林景观设计总面积_____%。

1.2.2.5 设计图纸

1）场地现状图

常用比例1：500～1：1 000,包括以下内容：

(1) 原有地形、地物、植被状态。

(2) 原有水系、范围、走向。

(3) 原有古树、名木、文物的位置、保护范围。

(4) 需要保留的其他地物（如市政管线等）。

2）总平面图

常用比例1：500～1：1 000,包括以下内容：

(1) 地形测量坐标网、坐标值。

(2) 设计范围（招标合同设计范围）,用中粗线划线表示。

(3) 场地内建筑物一层（也称底层或首层）（±0.00）外墙轮廓线,标明建筑物名称、层数、出入口等位置及需要保护的古树名木位置、范围。

(4) 场地内道路系统,地上停车场位置。

(5) 标明设计范围内园林景观各组成元素的位置、名称（如水景、铺装、景观建筑、小品及种植范围等）。

(6) 主要地形设计标高或等高线,如山体的山顶控制标高等。

(7) 图纸比例、指北针或风玫瑰。

3）功能分区图

常用比例1：500～1：1 000,包括以下内容：

在总平面图基础上突出标明各类功能分区,如供观赏的主要景点、供休闲的各类场地,以及儿童游戏场、运动场、停车场等不同功能的场地。此外还需标明各功能分区联系的道路系统。

4）种植设计总平面图

常用比例1：500～1：1 000,包括以下内容：

(1) 种植设计的范围。

(2) 种植范围内的乔木、灌木,非林下草坪的位置、布置形态,并标明主要树种名称、种类、主要观赏植物形态(可给出参考图片)。

5）主要景点放大平面图

常用比例1：100～1：300

6）主要景点的立面图或效果图(手绘、彩色透视)

7）设备管网与场外线衔接的必要文字说明或示意图

## 1.2.3 初步设计

1.2.3.1 一般要求

1）初步设计文件:封面、目录、设计说明、设计图纸、工程概预算

2）初步设计文件编制顺序

(1) 总封面:

① 项目名称；

② 编制单位名称；

③ 项目设计编号；

④ 设计阶段；

⑤ 编制单位法定代表人、技术总负责人、项目总负责人姓名及其签字或授权盖章；

⑥ 编制年、月。

（2）设计文件目录：

① 目录应包括序号，不得空缺。

② 图号应从"1"开始，依次编排，不得从"0"开始。

③ 目录一般包括序号、图号图纸名称、图幅、备注。

④ 当图纸修改时，可在图号："景初 1"后加 a、b、c(a 表示第一次修改版，b 表示第二次修改版）。

（3）设计说明书，包括设计总说明、各专业设计说明。

（4）设计图纸（可另单独成册）。

（5）概算书（可另单独成册，此概算书视具体情况确定或只给出工程的估算或工作量）。

### 1.2.3.2　设计总说明

1）设计依据及基础资料

（1）由主管部门批准的规划设计文件及有关建筑初步设计文件。

（2）由主管部门批准的园林景观方案设计文件及审批意见。

（3）建筑设计单位提供的总平面布置图、地下建筑平面图、覆土深度、竖向设计、室外管线综合图。

（4）本工程地形测量图、坐标系统、坐标值及高程系统。

（5）有关气象资料、工程地质、水文资料及生态特征等。

2）场地概述

（1）本工程场地所在城市、区域、周围城市道路名城、宽度、景观设计性质、范围、规模等。

（2）本工程周围环境状况、交通、能源、市政设施、主要建筑、植被状况。

（3）本工程所在地区的地域特征、人文环境。

（4）场地内与园林景观设计相关情况：

① 保留的原有地形、地物（原有建筑物、构筑物、需保留的文物、植物、古树、名木的保护等级及保护范围、水系等）；

② 场地内地上建筑物性质、层数、体形、高度、外饰面材料、色彩、主要出入口位置、地下建筑的范围及覆土厚度；

③ 场地内车行、人行道路系统及对外入口位置；

④ 日照间距及防噪声抗污染等要求；

⑤ 其他需要说明的情况。

3）总平面设计

（1）设计主要特点、主要组成元素及主要景点设计。

（2）场地无障碍设计。

（3）新材料、新技术的应用情况（如能源利用等）。

（4）其他。

4）竖向设计

（1）竖向设计的特点。

（2）场地的地表雨水排放方式及雨水收集、利用。

（3）人工水体、下层广场、台地、主要景点的高程处理，注明控制标高。

5）种植设计

（1）种植设计原则。

（2）对原有古树、名木和其他植被的保护利用。

（3）植物配置。

（4）屋面种植特殊处理（是否符合建筑物结构允许荷载，有良好的排灌、防水系统、防冻措施、防风处理措施）。

（5）树种的选择：主要树种；特殊功能树种；观赏树种。

（6）种植技术指标：

① 种植总面积_____m²（其中包括地下建筑物上覆土种植面积，屋顶花园种植面积）；

② 乔木树种及总棵树；

③ 灌木名称及总面积：_____m²；

④ 地被名称及总面积：_____m²；

⑤ 草坪名称及总面积：_____m²。

6）水景设计—自然水系统的利用及主要人工水景的特点，水源及排水方式

7）景观建筑设计形式（即有一定活动空间的，如：亭、榭、楼、廊、伞等），设计深度可参考国家建筑标准设计图集《民用建筑工程建筑初步设计深度图样》05J802

8）景观小品设计形式（柱、墙、台、桥、花坛、座椅、标志等）

9）铺装设计特点：主要面层材料的色彩、材料等

10）技术经济指标

（1）建筑场地用地总面积_____m²。

（2）景观设计总面积_____m²。

（3）其中：种植总面积_____m²，及占园林景观设计总面积_____%；

铺装总面积_____m²，及占园林景观设计总面积_____%；

景观建筑面积_____m²，及占园林景观设计总面积_____%；

水体总面积_____m²，及占园林景观设计总面积_____%。

（4）土方工程量。

11）提请设计审批时需要明确的问题

12）总说明中已叙述的内容，在各专业说明中可不再重复

1.2.3.3　设计图纸

1）总平面图

根据工程需要,可分幅表示,常用比例1:300~1:1000。

(1) 地形测量坐标网、坐标值。

(2) 设计范围以点划线表示。

(3) 场地建筑物一层(也有称为底层或首层)(±0.00相当绝对标高值)外墙轮廓以实粗线表示。标明建筑物名称、层数、高度、编号、出入口,需保护的文物、植物、古树、名木的保护范围,地下建筑物位置(其轮廓以粗虚线表示)。

(4) 场地内机动车疾呼、对外出入口、人行系统、地上停车场。

(5) 园林景观设计:

① 表示种植范围:重点孤植观赏乔木及列植,乔木宜以图例单独表示;

② 标明自然水系(湖泊河流表示范围,河流表示水流方向)、人工水系、水景;

③ 广场铺装表示外轮廓范围(根据工程情况表示大致铺装纹样),标注名称和材料的质地、色彩、尺寸;

④ 园林景观建筑(如亭、廊、榭等)以粗线表示外轮廓,标注尺寸、名称;小品均需表示位置、形状、庭园路走向、名称(如活动场地、花、池、伞、架、庭园路等);

⑤ 标注主要控制坐标;

⑥ 根据工程情况表示园林景观无障碍设计。

(6) 指北针或风玫瑰。

(7) 补充图例。

(8) 技术经济指标内容同1.2.3.2条中第10款,也可列于设计说明内。

(9) 图纸上的说明:A.设计依据;B.定位坐标;C.尺寸单位;D.其他。

2) 竖向布置图

常用比例1:300~1:1000。

(1) 同1.2.2.2款中1~7项的内容(其中园林景观设计尺寸标注等内容可适当简化)。

(2) 与场地园林景观设计相关的建筑物室内±0.00设计标高(相当绝对标高值)、建筑物室外地坪标高。

(3) 与园林景观设计相关的道路中心线交叉点设计标高。

(4) 自然水系、最高、常年、水底小位设计标高、人工水景控制标高。

(5) 地形设计标高、坡向、范围。

(6) 主要景点的控制标高(如下沉广场的最低标高、台地的最高标高),场地地面的排水方向。

(7) 根据工程需要,做场地设计地形剖面图并标明剖线位置。

(8) 根据工程需要,做景观设计土方量计算。

(9) 图纸上的说明:A.设计依据;B.尺寸单位;C.其他。

3) 种植平面图

常用比例1:300~1:1000。

(1) 分别表示不同种植类别,如乔木(常绿、落叶)、灌木(常绿、落叶);非林下草坪,重点表示其位置、范围。

（2）屋顶花园种植,可依据需要单独出图。

（3）苗木表,表示名称(中名、拉丁名)、种类、胸径、冠幅、树高。

（4）指北针或风玫瑰图。

4）水景设计图

常用比例:1:10、1:20、1:50、1:100。

（1）人工水体剖面图,重点表示各类驳岸形式。

（2）各类水池(如喷水池、戏水池、种植池、养鱼池等):

① 平面图、立面图,重点表示位置、形状、尺寸、面积、高度等;

② 剖面图,重点表示水深及池壁、池底构造、材料方案等,其中:喷水池须表示喷水高度、喷射形状、范围等(示意);

③ 各类水池根据工程需要表示水源及水质保护设施。

（3）溪流:

① 平面图,重点表示源、尾、走向及宽度等;

② 剖面图,重点表示溪流截面形式、水深等(必要时给出纵剖面图)。

（4）跌水、瀑布等:

① 平面图,重点表示位置、形状、水面宽度、落水处理等;

② 立面图,重点表示形状、宽度、高度、落水处理等;

③ 剖面图,重点表示跌落高度、级差、水流导体材料、落水处理等。

（5）旱喷泉,位置、喷射范围、高度、喷射形式。

（6）指北针或风玫瑰图。

5）铺装设计图

常用比例:1:10、1:20、1:50、1:100,重点表示铺装形状、材料;重点铺装设计还应表示铺装花饰、颜色等。

6）园林景观建筑、小品设计图

常用比例1:10、1:20、1:50、1:100(如亭、台、榭、廊、桥、门、墙、伞、架、柱、桦坛、树池、标志、座椅等)。

（1）单体平面图,重点表示形状、尺寸等。

（2）立面图,重点表示式样、高度等。

（3）剖面图,重点表示构造示意及材料等。

（4）标出电气照明、园林景观照明等位置。

## 1.2.4 施工图设计

### 1.2.4.1 施工图设计文件

（1）合同要求所涉及的所有专业的设计图纸(含图纸目录、说明和必要的设备、材料、苗木表)以及图纸总封面。

（2）合同要求的工程预算书。

注:对于方案设计后直接进入施工图设计的项目,若合同未要求编制工程预算书,施工

图设计文件应包括工程概算书。

（3）总封面应标明以下内容：

① 项目名称；

② 编制单位名称；

③ 项目的设计编号；

④ 设计阶段；

⑤ 编制单位法定代表人、技术总负责人和项目总负责人的姓名及签字或授权盖章；

⑥ 编制年月（即出图年、月）。

**1.2.4.2 园林景观专业施工图阶段内容**

景观专业施工图阶段内容应包括封面、目录、设计说明、设计图纸。

施工设计文件顺序同初步设计。

图纸目录应先列新绘制的图纸，后列选用的标准图。

**1.2.4.3 施工图设计说明**

1）设计依据

（1）由主管部门批准建筑场地园林景观初步设计文件、文号。

（2）由主管部门批准的有关建筑施工图设计文件或施工图设计资料图（其中包括总平面图、竖向设计、道路和室外地下管线综合图及相关建筑设计施工图、建筑一层平面图、地下建筑平面图、覆土深度、建筑立面图等）。

2）工程概况

包括建设地点、名称、景观设计性质、设计范围面积（如方案设计或初步设计为不同单位承担，应摘录与施工图设计相关内容）。

3）材料说明

有共性的，如混凝土、砌体材料、金属材料标号、型号；木材防腐、油漆；石材等材料要求，可统一说明或在图纸上标注。

4）防水、防潮做法说明

5）种植设计说明（应符合城市绿化工程施工及验收规范要求）

包括以下内容：

（1）种植土要求。

（2）种植场地平整要求。

（3）苗木选择要求。

（4）植栽间距要求：季节、施工要求。

（5）植栽间距要求。

（6）屋顶种植的特殊要求。

（7）其他需要说明的内容。

6）新材料、新技术做法及特殊型要求

7）其他需要说明的问题

1.2.4.4 设计图纸

1) 总平面图

根据工程需要,可分幅表示,常用比例 1∶300～1∶1 000。

(1) 地形测量坐标网、坐标值。

(2) 设计场地范围、坐标、与其相关的周围道路红线、建筑红线及其坐标。

(3) 场地中建筑物以粗实线表示一层(也有称为底层或首层)(±0.00)外墙轮廓,并标明建筑坐标或相对尺寸、名称、层数、编号、出入口及 ±0.00 设计标高。

(4) 场地内需保护的文物、古树、名木名称、保护级别、保护范围。

(5) 场地内地下建筑物位置、轮廓以粗虚线表示。

(6) 场地内机动车道路系统及对外车行人行出入口位置,及道路中心交叉点坐标。

(7) 园林景观设计元素,以图例表示或以文字标名称及期控制坐标。

(8) 绿地宜以填充表示,屋顶绿地宜以与一般绿地不同的填充形式表示。

(9) 自然水系、人工水系、景应标明。

(10) 广场、活动场地铺装表示外轮廓范围(根据工程情况表示大致铺装纹样)。

(11) 园林景观建筑、小品如如亭、台、榭、廊、桥、门、墙、伞、架、柱、花坛、园路等表示位置、名称、形状、园路走向、主要控制坐标。

(12) 根据工程情况表示园林景观障碍设计。

(13) 相关图纸的索引(复杂工程可出专门的索引图)。

(14) 指北针或风玫瑰。

(15) 补充图例。

(16) 图纸上的说明。

2) 竖向布置图

常用比例 1∶300～1∶1 000。

(1) 与园林景观设计相关的建筑物一层室内 ±0.00 设计标高(相当绝对标高值)及建筑四角散水底设计标高。

(2) 场地内车行道路中心线交叉点设计标高。

(3) 自然水系常年最高、最低水位。人工水景最高水位及水底设计标高;旱喷泉、地面标高。

(4) 人工地形形状设计标高(最高、最低)、范围(宜用设计等高线表示高差)。

(5) 标注园林景观建筑、小品的主要控制标高,如亭、台、榭、廊标 ±0.00 设计标高,台阶、挡土墙、景墙等标顶、底设计标高。

(6) 主要景点的控制标高(如下沉广场的最低标高,台地的最高、最低标高等)及主要铺装面控制标高。

(7) 场地地面的排水方向,雨水井或集水井位置。

(8) 根据工程需要,做场地设计剖面图,并标明剖线位置、变坡点的设计标高,土方量计算。

(9) 图纸上的说明:设计依据,尺寸单位,其他。

3) 种植总平面图

常用比例 1∶300～1∶500。

（1）场地范围内的各种种植类别、位置，以图例或文字标注等方式区别乔木、灌木、常绿落叶等（由各单位根据习惯拆分，但都应表示清楚）。

（2）苗木表：乔木重点标明名称（中名及拉丁名）、树高、胸径、定干高度、冠幅、数量等；灌木、树篱可按高度、棵数与行数计算、修剪高度等；草坪标注面积、范围；水生植物标注名称、数量。

（3）指北针或风玫瑰图。

4）平面分区图

在总平面图上表示分区及区号、分区索引。分区应明确，不宜重叠，用方格网定位放大时，标明方格网基准点（基准线）位置坐标、网格间距尺寸、指北针或玫瑰图、图纸比例等。

5）各分区放大平面图

常用比例1∶100～1∶200。表示各类景点定位及设计标高，标明分区网格数据及详图索引、指北针或风玫瑰图、图纸比例。

定位原则：

（1）亭、榭一般以轴线定位，标注轴线交叉点坐标；廊、台、墙一般以柱、墙轴线定位；标注起、止点轴线坐标或以相对尺寸定位。

（2）柱以中心定位，标注中心坐标。

（3）道路以中心线定位，标注中心线交叉点坐标；庭园路以网格民族教育定位。

（4）人工湖不规则形状以外轮廓定位，在网格上标注尺寸。

（5）水池规则形状以中心点和转折点定位标注坐标或相对尺寸；不规则形状以外轮廓定位，在网格上标注尺寸。

（6）铺装规则形状以中心点和转折点定位标注坐标或相对尺寸；不规则形状以外轮廓定位，在网格上标注尺寸。

（7）观赏乔木或重点乔木以中心点定位，标中心点坐标或以相对尺寸定位；灌木、树篱、草坪、花境可按面积定位。

（8）雕塑以中心点定位，标注中心点坐标或相对尺寸。

（9）其他均在网格上标注定位尺寸。

6）种植详图

（1）植栽详图。

（2）植栽设施详图（如树池、护盖、树穴、鱼鳞穴等）平面、节点材料做法详图。

（3）屋顶种植图，常用比例1∶20～1∶100。

表示建筑物幢号、层数、屋顶平面绘出分水线、汇水线、坡向、坡度、雨水口位置以及屋面上的建构筑物、设备、设施等位置、尺寸，并标出各建构筑物顶面绝对标高及屋面绝对标高，各类种植位置、尺寸及详图，视工程具体需要可单独出图。

剖面图表示覆土厚度、坡度、坡向、排水及防水处理，植物防风固根处理等特殊保护措施及详图索引。

种植置换土要求。

7）水景详图

常用比例1：10～1：100。

（1）人工水体：剖面图，表示各类驳岸构造、材料、做法（湖底构造、材料做法）。

（2）各类水池。

平面图：表示定位尺寸、细部尺寸、水循环系统构筑物位置尺寸、剖切位置、详图索引；

立面图：水池立面细部尺寸、高度、形式、装饰纹样、详图索引。

剖面图：表示水深、池壁、池底构造材料做法，节点详图。

其中，喷水池：表示喷水形状、高度、数量。

种植池：表示培养土范围、组成、高度、水生植物种类、水深要求。

养鱼池：表示不同鱼种水深要求。

（3）溪流。

平面图：表示源、尾，以网络尺寸定位，标明不同宽度、坡向；剖切位置，详图索引。

剖面图：溪流坡向、坡度、底、壁等构造材料做法、高度变化、详图。

（4）跌水、瀑布等。

平面图：表示形状、细部尺寸、落水位置、形式、水循环系统构筑物位置尺寸；剖切位置、详图索引。

剖面图：跌水高度、级差，水流界面构造、材料、做法、节点详图、详图索引。

（5）旱喷泉。

平面图：定位坐标，铺装范围；剖切位置，详图索引。

立面图：喷射形式、范围、高度。

剖面图：铺装材料、构造做法（地下设施）、详图索引及节点详图。

8）铺装详图

各类广场、活动场地等不同铺装分别表示。

平面图：铺装纹样放大细部尺寸，标注材料、色彩、剖切位置、详图索引。

构造详图：常用比例1：5～1：20（直接引用标准图集的本图略）。

9）景观建筑、小品详图

（1）亭、榭、廊、膜结构等有遮蔽顶盖和交往空间的景观建筑。

平面图：表示承重墙、柱及其轴线（注明标高）、轴线编号、轴线间尺寸（柱距）、总尺寸、外墙或柱壁与轴线关系尺寸及与其相关的坡道散水、台阶等尺寸、剖面位置、详图索引及节点详图。

顶视平面图：详图索引。

立面图：立面外轮廓，各部位形状花饰，高度尺寸及标高，各部位构造部件（如雨篷、挑台、栏杆、坡道、台阶、落水管等）尺寸、材料、颜色，剖切位置、详图索引及节点详图。

剖面图：单位剖面、墙、柱、轴线及编号，各部位高度或标高，构造做法、详图索引。

（2）景观小品，如墙、台、架、桥、栏杆、花坛、座椅等。

平面图：平面尺寸及细部尺寸；剖切位置，详图索引。

立面图：式样高度、材料、颜色、详图索引。

剖面图：构造做法、节点详图。

（3）图纸比例：1：10～1：100。

#### 1.2.4.5 图纸增减

景观设计平面分区图,及各分区放大平面图,可根据设计需要确定增减。

根据工程需要可增加铺装及景观小品布置图。

对于简单的园林景观建筑、小品等需配相关结构专业图的工程,可以将结构专业的说明、图纸在相关的园林景观专业图纸中表达,不再另册出图(内部归档需要计算书)。

# 1.3 案例方案介绍

## 1.3.1 案例方案设计概况

本案例(见图1-1)位于珠三角地区,为广东省第一个健康住宅试点项目。本健康住宅的宗旨为:要以人类居住与健康可持续发展的理念满足住宅生理、心理和社会等多层次的需要,通过精心规划、精心设计、精心选材、精心施工和科学管理为居住者营造出健康、安全、舒适和环保的高品质住区,为21世纪住宅建设提供一些成功的经验。

图1-1 小区实景一角

本项目为所在市的城中旧村改造项目,总占地面积46万平方米,总建筑面积100万平方米,预计可容纳3～4万人居住。

## 1.3.2 案例方案规划及景观设计

本项目(见图1-2)为居住区景观规划设计。该项目提出"生活全自然,健康每一天"的主题。一期澳洲园以"一轴、一湖、四园"为核心要素,结合健康住宅对居住区自然的适应性、小气候的要求,创建超过70%的绿化覆盖率及30%的运动场地。已于2005年12月通过验收,被评定为健康住宅示范工程。

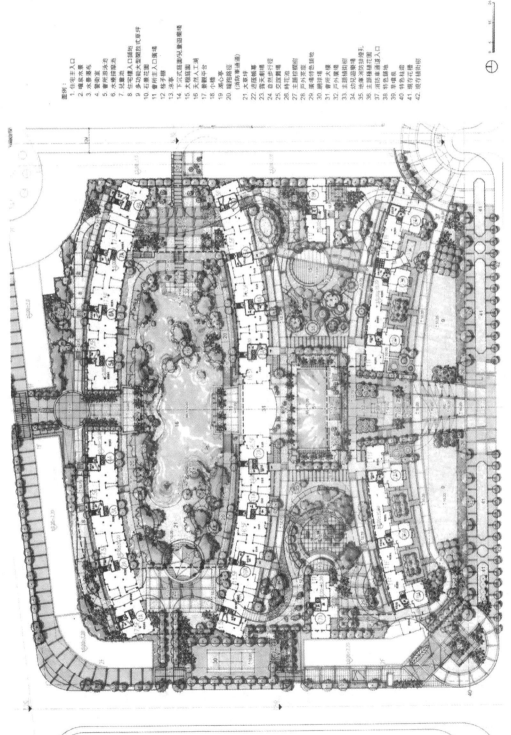

图例:
1. 住宅主入口
2. 喷泉水景
3. 水景瀑布
4. 鉴赏区室
5. 曾所游泳池
6. 水塘按摩池
7. 儿童池
8. 住宅楼入口围合大草坪
9. 多功能大型阶梯状大草坪
10. 石景花园
11. 曾所花园
12. 格子棚
13. 廊亭
14. 下沉式庭园/儿童娱乐场地
15. 大绿级草坪
16. 天然人工湖
17. 景观平台
18. 小楼
19. 凉心亭
20. 园路路径
　 (消防车通道)
21. 大草坪
22. 进深铺装
23. 露天剧场
24. 自然步行径
25. 交流翼墙
26. 时花园
27. 主题纪念树
28. 户外茶座
29. 广场特色铺地
30. 网球场
31. 曾所大楼
32. 户外泳池
33. 主题植物群
34. 幼儿娱乐场
35. 地渠洲防洪涝区
36. 主题精致花园
37. 主题直通进入口
38. 特色铺地
39. 景观树
40. 特色挂油
41. 现存花园
42. 现有植树树

图1-2　小区方案手绘图

#### 1.3.2.1 景观设计特点

小区主入口位于小区南侧,小区内建筑布局规则。主入口景观设计采用中轴对称的布局,轴线的尽端为会所游泳池。主入口的两侧设置了多功能大型开放式草坪,既方便了住户室外活动的需求,同时也起到了隔离绿化的作用。

在入口主轴线的西侧设计为儿童游乐场,包括儿童游乐的配套设施等。轴线东侧为太极庭院,提供住户一个多功能的活动场地。

小区内北侧设计开挖了一个大型的天然人工湖。沿湖设计了景观桥、观景亭、观景平台、大草坪等景观节点,形成了小区一个特色景观中心。为住户提供了美观舒适的室外活动场地。如图1-3所示。

图1-3　天然人工湖一景

此外,小区内还设置了一个网球场,随处可见的休闲茶座和休息座椅等,营造了运动和休闲相结合的高档社区的景观环境。

#### 1.3.2.2 规划设计特点

小区的规划设计结构完整。住宅布局采用弧形排列,南低北高错落布置,为住区创造了休闲、健身、交往和舒适的居住生活环境。采用人车分流道路构架和阳光车库,提供了安全、安静的交通网络。

住宅底层全部架空5.5～7.5米,既有利于减轻南方地区潮湿气候对低层住户的影响,又有利于将住区空间连成整体,扩大了居民的户外活动空间。如图1-4所示。

住宅造型简洁,注重阳光和风的利用,较好地体现健康住宅的要求。

图 1-4 建筑的底层架空形式

### 1.3.3 案例方案特色说明

#### 1.3.3.1 人工湖景观水处理工程

澳洲园内有一个面积约 3 000 $m^2$ 的人工湖,湖水处理采用了"生物-生态"修复技术与"增氧-生物"修复系统相结合的综合治理方法,并取得了初步的成效。

"生物-生态"修复技术是利用培育的水生植物或培养、接种的微生物的生命活动,对水中污染物进行转移、转化及降解,从而使水体得到净化的技术。它具有处理效果好、费用低、不形成二次污染等优点。

#### 1.3.3.2 健康物业管理模式

创造性地提出健康物业管理模式,即在传统物业管理的基础上,采用现代化、复合型的管理手段;利用社会各方面的资源,全面保障业主生活质量,促进身心健康。如图 1-5 所示。

健康物业管理模式由环境管理中心和健康物管中心两大部分组成。环境管理中心负责传统物管的维修、清洁、保安、园林养护、家政服务等基础工作,维持居住环境的舒适、健康。

健康物业管理中心则开展健康专项服务,通过健康指导中心、健康保健中心、智能管理中心、24 小时求助中心、健康社区文化中心和健康交流俱乐部等,全方位地保障健康生活理念的延续。

经济技术指标:

(1) 总用地面积:128 265.3 $m^2$。

图 1-5 健康物业

(2) 总建筑面积:342 331.72 m$^2$。

(3) 建筑密度 22.6%。

(4) 容积率:1.87。

(5) 绿地率:70%。

## 习题及要求

(1) 建筑场地园林景观设计一般分为哪三个阶段?各阶段文件内容所应达到什么要求?

(2) 方案设计文件所包括的具体内容是什么?

(3) 初步设计文件所包括的具体内容是什么?

(4) 初步设计及施工图设计文件中经济技术指标所包含的内容有哪些?

# 第 2 章
# 施工图总图部分图纸绘制

本章内容主要包括景观施工图的一般绘图标准和施工图绘制前的环境设置；施工图总图部分图纸所包含的内容，以及各部分图纸的绘制方法和相关图纸示意。

## 2.1　施工图总图部分图纸绘制

### 2.1.1　相关图纸绘图标准

#### 2.1.1.1　图纸幅面(简称图幅)

图纸以短边作为垂直边称为横式,以短边作为水平边称为立式。一般 A0~A3 图纸宜横式使用;必要时,也可立式使用。国家标准工程图图纸幅面及图框尺寸如表 2-1 所示。

表 2-1　国家标准工程图图纸幅面及图框尺寸

| 尺寸代号　幅面代号 | A0 | A1 | A2 | A3 | A4 |
|---|---|---|---|---|---|
| B×L | 841×1 189 | 594×841 | 420×594 | 297×420 | 210×297 |
| C | 10 | | | 5 | |
| A | 25 | | | | |

注:表中尺寸单位为毫米(mm)。加长图幅为标准图框根据图纸内容需要在长向(L 边)加长 L/4 的整数倍,A4 图一般无加长图幅。

一个工程设计中,每个专业所使用的图纸,一般不宜多于两种幅面,不含目录及表格所采用的 A4 幅面。

考虑到施工过程中翻阅图纸的方便,除总图部分采用 A2~A0 图幅(视图纸内容需要,同套图纸统一)外,其他详图图纸宜采用 A3 图幅。根据图纸量可分册装订。

#### 2.1.1.2　图纸标题栏(简称图标)

1) 图标内容

一般每个设计公司都会有专门的图框及已经设置好的图标内容,图标一般包括如下内容:

(1) 公司名称:为中文公司名称。

(2) 业主、工程名称:填写业主名称和工程名称。

(3) 图纸签发参考:填写图纸签发的序号、说明、日期。

(4) 版权:中英文注名的版式权归属权。

(5) 设计阶段:填写本套图纸所处的设计阶段。

(6) 签名区:项目主持,由项目设计主持人签字;设计,由本张图的设计者签字;制图,由本张图的绘制者签字;校核,由本张图纸的校对者签字;审核,由本张图的审核者签字。

2) 标准图标

标准图标示例如图 2-1 所示。

景观施工图识图与绘制

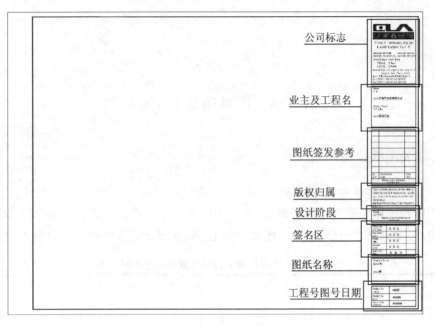

图 2-1　标准图标示例

### 2.1.1.3　绘图比例

在选定图幅后,根据本套图纸要表达的内容选定绘图比例。常用的比例如表 2-2 所示。

表 2-2　绘图比例

| 常用比例 | 1∶1,1∶2,1∶5,1∶10,1∶20,1∶50,<br>1∶100,1∶200,1∶500,1∶1 000,1∶2 000,1∶5 000,<br>1∶10 000,1∶20 000,1∶50 000,1∶100 000,1∶200 000 |
|---|---|
| 可用比例 | 1∶3,1∶15,1∶25,1∶30,1∶40,1∶60,<br>1∶150,1∶250,1∶300,1∶400,1∶600,<br>1∶1 500,1∶2 500,1∶3 000,1∶4 000,1∶6 000,<br>1∶15 000,1∶30 000 |

### 2.1.1.4　图形线

根据图纸内容及其复杂程度,要选用合适的线型及线宽来区分图纸内容的主次。为统一整套图纸的风格,对图中所使用的线宽及线型作出以下规定:

图线的宽度 b,宜从表 2-3 的线宽系列中选取。

表 2-3　图线宽度

| 线宽比 | 线　宽　组 | | | | | |
|---|---|---|---|---|---|---|
| B/mm | 2.0 | 1.4 | 1.0 | 0.7 | 0.5 | 0.35 |
| 0.5b/mm | 1.0 | 0.7 | 0.5 | 0.35 | 0.25 | 0.18 |
| 0.25b/mm | 0.5 | 0.35 | 0.25 | 0.18 | — | — |

注:(1)需要微缩的图纸,不宜选用 0.18 mm 及更细的线宽。
　　(2)同一张图纸内,各不同线宽中的细线,可统一采用较细的线宽组的细线。

每个图样,应根据复杂程度与比例大小,先选定基本线宽 b,再选用表 2-3 中相应的线宽组。

建筑制图规范图线如表 2-4 所示。

表 2-4 建筑制图的规范图线

| 名 称 | | 线 形 | 线宽 | 一 般 用 途 |
|---|---|---|---|---|
| 实线 | 粗 | | b | 主要可见轮廓线 |
| | 中 | | 0.5b | 可见轮廓线 |
| | 细 | | 0.25b | 可见轮廓线,图例线 |
| 虚线 | 粗 | | b | 见各有关专业制图标准 |
| | 中 | | 0.5b | 不可见轮廓线 |
| | 细 | | 0.25b | 不可见轮廓线,图例线 |
| 单点长点划线 | 粗 | | b | 见各有关专业制图标准 |
| | 中 | | 0.5b | 见各有关专业制图标准 |
| | 细 | | 0.25b | 中心线,对称线等 |
| 双点长点划线 | 粗 | | b | 见各有关专业制图标准 |
| | 中 | | 0.5b | 见各有关专业制图标准 |
| | 细 | | 0.25b | 见各有关专业制图标准 |
| 折断线 | | | 0.25b | 断开界线 |
| 波浪线 | | | 0.25b | 断开界线 |

1) 常用的线宽

列举如下:

特粗线:0.70 mm

粗　线:0.50 mm

中　线:0.25 mm

细　线:0.18 mm

2) 常用线型

不同线宽可由不同颜色区分,具体应用如表 2-5 所示。

表 2-5 常用线型

| 名 称 | 线 型 | 线宽 | 用 途 |
|---|---|---|---|
| 特粗实线 | (紫色) | 0.70 | 建筑剖面、立面中的地坪线,大比例断面图中的剖切线,剖切线 |

（续表）

| 名　称 | 线　型 | 线宽 | 用　　途 |
|---|---|---|---|
| 粗实线 | （蓝　色） | 0.50 | 平、剖面图中被剖切的主要建筑构造（包括构配件）的轮廓线；<br>建筑立面图的外轮廓线；<br>构配件详图中的构配件轮廓线 |
| 中实线 | （黄　色） | 0.25 | 平、剖面图中被剖切到的次要建筑构造（包括构配件）的轮廓线；<br>建筑平立剖面图中建筑构配件的轮廓线；<br>构造详图中被剖切的主要部分的轮廓线；<br>植物外轮廓线 |
| 细实线 | （灰　色） | 0.18 | 图中应小于中实线的图形线、尺寸线、尺寸界线、图例线、索引符号、标高符号 |
| 中虚线 | - - - - - - - | 0.25 | 建筑构造及建筑构配件不可见的轮廓线 |
| 细虚线 | - - - - - - - | 0.18 | 图例线，应小于中虚线的不可见轮廓线 |
| 点划线 | -·-·-·-·- | 0.18 | 中心线、对称线 |
| 折断线 | ～ | 0.18 | 断开界线 |
| 波浪线 | ～ | 0.18 | 断开界线 |

#### 2.1.1.5　字体

图纸上需书写的文字、数字、符号等，均应笔划清晰，字体端正，排列整齐。标点符号应清楚正确。

文字的字高，应从如下系列中选用：3.5 mm、5 mm、7 mm、10 mm、14 mm、20 mm。如需书写更大的字，其高度应按 2 的比值递增。文字的高宽关系如表 2-6 所示。

表 2-6　长仿宋体字高宽关系/mm

| 字高 | 20 | 14 | 10 | 7 | 5 | 3.5 |
|---|---|---|---|---|---|---|
| 字宽 | 14 | 10 | 7 | 5 | 3.5 | 2.5 |

图样及说明中的汉字，宜采用长仿宋体，宽度与高度的关系应符合表 2-6 的规定。大标题、图册封面、地形图等的汉字，也可书写成其他字体，但应易于辨认。

分数、百分数和比例数的注写，应采用阿拉伯数字和数学符号，例如：四分之三、百分之二十五和一比二十应分别写成 3/4、25％和 1∶20。

文字字高选择举例：

（1）尺寸标注数字、标注文字、图内文字选用字高为 3.5 mm。

（2）说明文字、比例标注选用字高为 4.8 mm。

（3）图名标注文字选用字高为 6 mm，比例标注选用字4.8 mm高。

（4）图标栏内须填写的部分均选用字高为 2.5 mm。

（5）比例宜注写在图名的右侧，字的基准线应取平；比例的字高宜比图名的字高小一号或二号，如图 2-2 所示。

绘图所用的比例，应根据图样的用途与被绘对象的复杂程度，从表 2-7 中选用，并优先用表中常用比例。一般情况下，一个图样应选用一种比例。根据专业制图需要，同一图样可选用两种比例。

**首层平面图** 1:100

图 2-2　图名及比例书写示例

表 2-7　绘图所用比例

| 常用比例 | 1：1,1：2,1：5,1：10,1：20,1：50,<br>1：100,1：200,1：500,1：1 000,1：2 000,1：5 000,<br>1：10 000,1：20 000,1：50 000,1：100 000,1：200 000 |
|---|---|
| 可用比例 | 1：3,1：15,1：25,1：30,1：40,1：60,<br>1：150,1：250,1：300,1：400,1：600,<br>1：1 500,1：2 500,1：3 000,1：4 000,1：6 000,<br>1：15 000,1：30 000 |

特殊情况下也可自选比例，这时除应注出绘图比例外，还必须在适当位置绘制出相应的比例尺。

### 2.1.1.6　符号标注

#### 1）风玫瑰图

在总平面图中应画出工程所在地区风玫瑰图，又称风向频率玫瑰图，它是根据某一地区多年平均统计的各个方向吹风次数的百分数值，按一定的比例绘制的。一般多用 8 个或 16 个罗盘方位表示，如图 2-3 所示。玫瑰图上所表示的风的吹向，是指从外面吹向地区中心的。图示上黑实线表示的是全年风向，细虚线表示的是夏季即七、八、九月的风向。

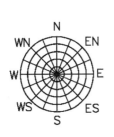

图 2-3　风玫瑰图　　　　　　　　　　图 2-4　指北针示例

#### 2）指北针

在总图部分的其他平面图上应画出指北针，所指方向应与总平面图中风玫瑰的指北针方向一致。指北针用细实线绘制，圆的直径为 24 mm，指针尾宽为 3 mm，在指针尖端处注"N"字，字高 5 mm，如图 2-4 所示。

#### 3）定位轴线及编号

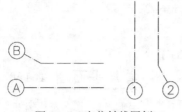

图2-5 定位轴线图例

平面图中定位轴线,用来确定各部分的位置。定位轴线用细点划线表示,其编号注在轴线端部用细实线绘制的圆内,圆的直径为8 mm,圆心在定位轴线的延长线或延长线的折线上。平面图上定位轴线的编号应标注在图样的下方与左侧,横向编号用阿拉伯数字按从左至右的顺序编号,竖向编号用大写拉丁字母(除I、O、Z外)按从下至上顺序编号,如图2-5所示。

在标注次要位置时,可用于两根轴线之间的附加轴线。附加轴线及其编号方法如图2-6所示。

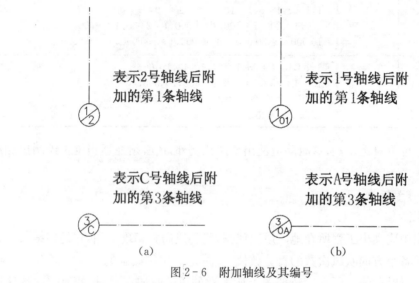

(a)                    (b)

图2-6 附加轴线及其编号

(a) 在定位轴线之后附加轴线 (b) 在定位轴线之前附加轴线

一个详图适用于几根定位轴线时的轴线编号方式如图2-7所示。

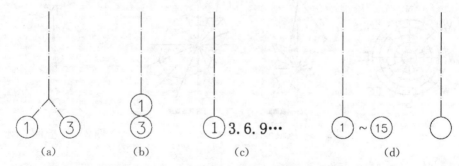

(a)        (b)        (c)        (d)

图2-7 一个详图适合于几根定位轴线时的编号

(a) 用于两根轴线 (b) 用于多根非连续编号的轴线 (c) 用于多根连续编号的轴线 (d) 用于通用详图的轴线

4) 索引符号及详图符号

对图中需要另画详图表达的局部构造或构件,在图中的相应部位应以索引符号索引。

索引符号用来索引详图,而索引出的详图应画出详图符号来表示详图的位置和编号,并用索引符号和详图符号相互之间的对应关系,建立详图与被索引的图样之间的联系,以便相互对照查阅。

(1)索引符号及其编号。索引符号的圆及水平直径线均以细实线绘制,圆的直径应为10 mm,索引符号的引出线应指在要索引的位置上。引出的是剖面详图时,用粗实线段表示剖切位置,引出线所在的一侧应为剖视方向。圆内编号的含义为:上行为详图编号,下行为详图所在图纸的图号,如图2-8所示。

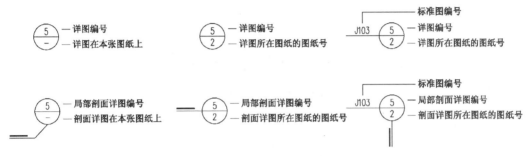

图2-8　索引符号

(2)详图符号及其编号。详图符号以粗实线绘制直径为14 mm的圆,当详图与被索引的图样不在同一张图纸内时,可用细实线在详图符号内画一水平直径,圆内编号的含义为:上行为详图编号,下行为被索引图纸的图号,如图2-9所示。

图2-9　详图符号

在实际的施工图绘制中,常常会用到利用"天正"绘图软件来标注各种符号。这是因为"天正"软件在标注方面更加方便、快捷。这里仅就"天正"中常用的符号标注命令列举一二。

标高标注:天正命令(BGBZ);尺寸标注:天正命令(ZDBZ);索引符号:天正命令(SYFH);索引图名及图名标注:天正命令(SYTM及TMBZ);断面\剖面剖切符号:天正命令(DMPQ\PMPQ);引出线:天正命令(YCBZ);箭头标注:天正命令(JTBZ);折断符号:天正命令(JZDX);对称符号:天正命令(HDCZ);做法标注:天正命令(ZFBZ)。

### 2.1.1.7　尺寸标注

1)基本规定

(1)尺寸界线。尺寸界线用细实线绘制,一般应与被注长度垂直,其一端应离开图样轮廓线不小于2 mm。另一端宜超出尺寸线2~3 mm。必要时,图样轮廓线也可用作尺寸界线。

(2)尺寸线。尺寸线用细实线绘制,应与被注长度平行,且不宜超出尺寸界线。尺寸线不能用其他图线替代,一般也不得与其他图线重合或画在其延长线上。

（3）尺寸起止符。尺寸起止符应用中实线的斜短划线绘制，其倾斜方向应与尺寸界线成顺时针45°角，长度宜为2～3 mm。半径、直径、角度与弧长的尺寸起止符号宜用箭头表示。

（4）尺寸数字。图上尺寸应以尺寸数字为准。图样上的尺寸单位除标高及在总平面图中的单位为米(m)外，都必须以毫米(mm)为单位。尺寸数字应依据其读数方向写在尺寸线的上方中部，如没有足够的注写位置，最外边的尺寸数字可在尺寸界线外侧注写，中间相邻的尺寸数字可错开注写，也可引出注写。尺寸数字不能被任何图线穿过。不可避免时，应将图线断开，如图2-10所示。

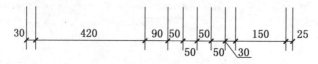

图2-10　尺寸数字的注写位置

2）尺寸的排列与布置

（1）尺寸宜标注在图样轮廓线以外，不宜与图线、文字及符号相交。但在需要时也可标注在图样轮廓线以内。尺寸界线一般就与尺寸线垂直。

（2）互相平行的尺寸线，应从被注的图样轮廓线由近向远整齐排列，小尺寸应离轮廓线较近，大尺寸离轮廓线较远，图样外轮廓线以外最多不超过三道尺寸线。

（3）图样轮廓线以外的尺寸线，距图样最外轮廓线之间的距离，不宜小于10 mm，平行排列的尺寸线的间距宜为7～10 mm并应保持一致。总尺寸的尺寸界线应靠近所指部位，中间的分尺寸的尺寸界线可稍短，但其长度应相等。

3）标高

标高是标注建筑物高度的另一种尺寸形式。其标注方式应满足下列规定：

（1）个体建筑物图样上的标高符号以细实线绘制。通常用图2-11(a)左图所示的形式；如标注位置不够，可按图2-11(a)右图所示形式绘制。图中L是注写标高数字的长度，高度H则视需而定。

（2）总平面图上的标高符号应涂黑表示。

（3）标高数字以米(m)为单位，注到小数点以后第三位；在总平面图中，可注定到小数点后二位。零点标高应注写成±0.000；正数标高不注"＋"，负数标高应注"－"。标高符号的尖端应指至被注的高度处，尖端可向上，也可向下。

在图样的同一位置需表示几个不同标高时，标高数字可按图2-11(d)所示的形式注写。

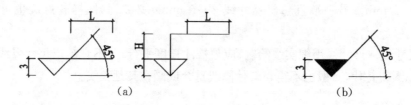

(a)　　　　　　　　　　　　　　　(b)

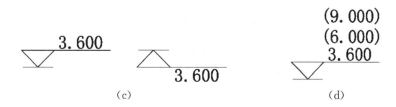

图 2-11　标高符号及其画法规定

(a) 个体建筑标高符号　(b) 总平面图标高符号
(c) 标高的指向　(d) 一个符号标注几个标高

#### 2.1.1.8　常用图例

1) 总平面图中的常用图例

总平面图中的常用图例及相关说明如表 2-8 所示。

表 2-8　总平面图中的常用图例

| 名称 | 图例 | 说明 |
|---|---|---|
| 新建的建筑物 | | 新建建筑物用粗实线表示,需要时可用▲表示出入口位置。<br>需要时,可在图形内右上角以点数或数字(高层宜用数字)表示层数。 |
| 原有的建筑物 | | (1) 应注明拟利用者<br>(2) 用细实线表示 |
| 计划扩建的预留地或建筑物 | | 用中粗虚线表示 |
| 拆除的建筑物 | | 用细实线表示 |
| 新建的地下建筑物或构筑物 | | 用粗虚线表示 |
| 敞棚或敞廊 | | 用中粗线表示 |
| 围墙及大门 | | 上图为砖石、砼或金属材料等实体围墙。<br>下图为镀锌铁丝网、篱笆等通透围墙。<br>如仅表示围墙时,不画大门 |

（续表）

| 名称 | 图　例 | 说　明 |
|---|---|---|
| 坐标 | 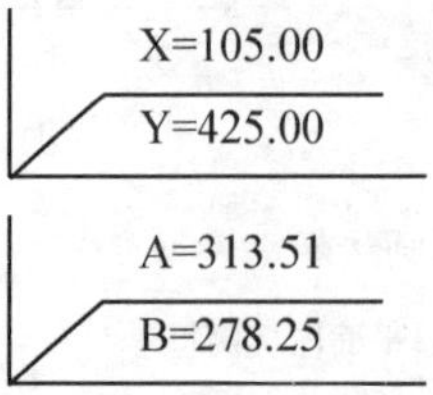 X=105.00<br>Y=425.00<br><br>A=313.51<br>B=278.25 | 上图表示测量坐标，下图表示施工坐标 |
| 填挖边坡 | 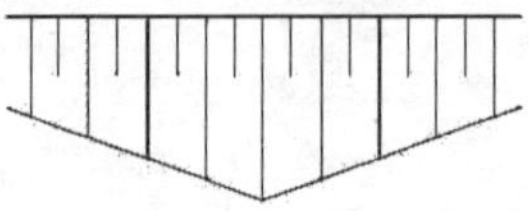 | 边坡较长时，可一端或两端局部表示 |
| 护坡 | 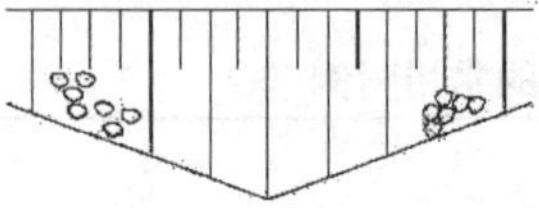 | |
| 室内标高 | 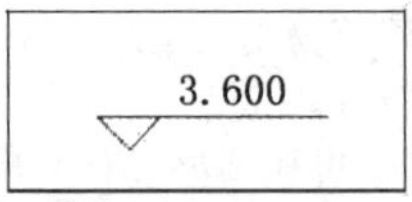 3.600 | |
| 室外标高 |  ▼ 143.000 | |
| 新建的道路 | 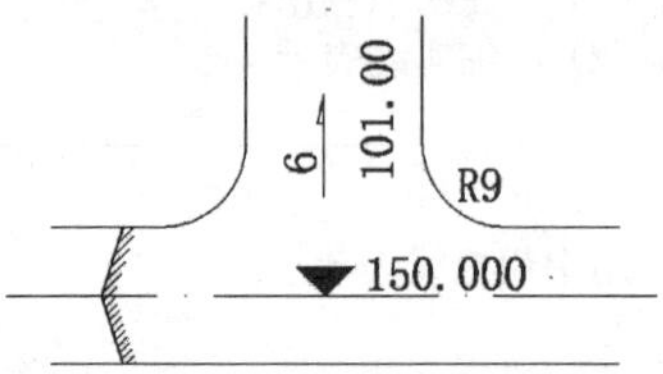 6　101.00　R9<br>▼ 150.000 | (1) "R9"表示道路转弯半径为 9 m，"150.00"为路面中心的标高，"6"表示 6%，为纵向坡度，"101.00"表示变坡点间距离。<br>(2) 图中斜线为道路断面示意，根据实际需要绘制 |
| 原有的道路 | 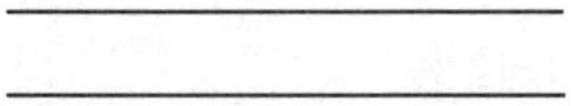 | |
| 计划扩建的道路 |  | |
| 人行道 | 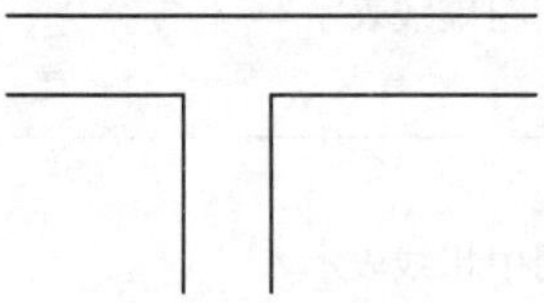 | |
| 桥梁（公路桥） | 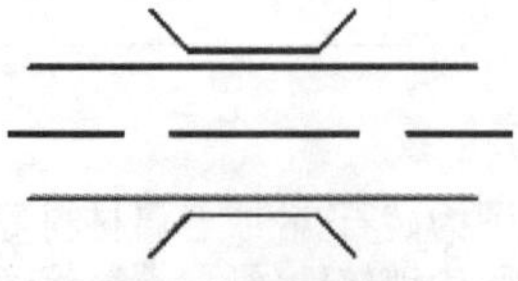 | 用于旱桥时应注明 |
| 雨水井与消火栓井 | 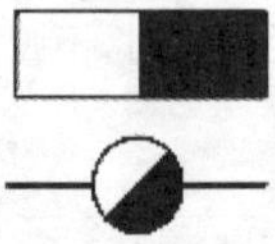 | 上图表示雨水井，下图表示消火栓井 |

2）常用建筑材料图例

常用建筑材料图例如表 2-9 所示。

表 2-9　常用建筑材料图例

| 材料名称 | 图　例 | 说　明 |
|---|---|---|
| 自然土壤 |   | 包括各种自然土壤 |
| 夯实土壤 |   |  |
| 砂 |   |  |
| 灰土 | 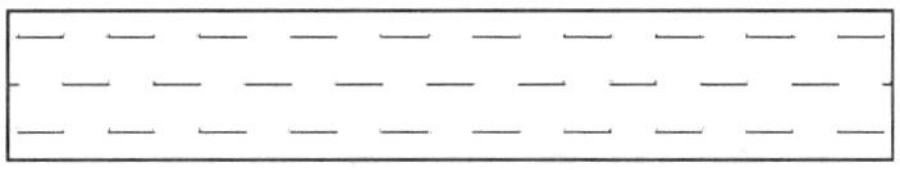  |  |
| 砂、砾石、碎砖三合土 | 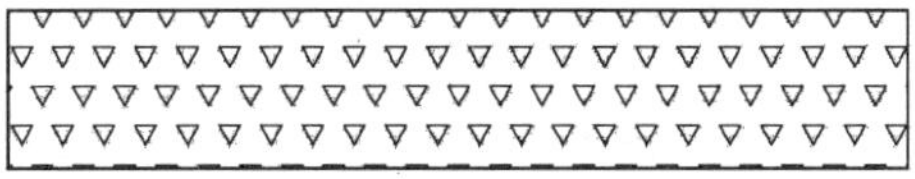  |  |
| 天然石材 | 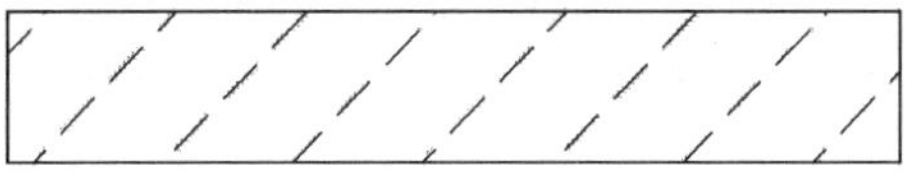  | 包括岩层、砌体、铺地、贴面等材料 |
| 毛石 | 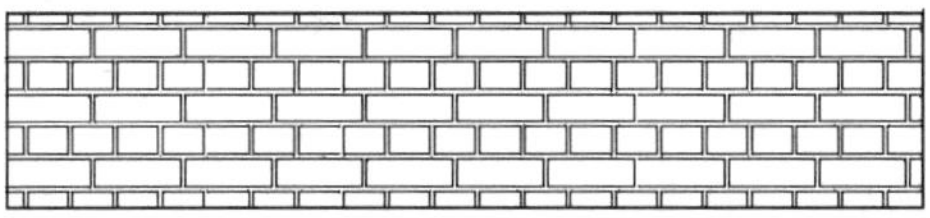  |  |
| 普通砖 | 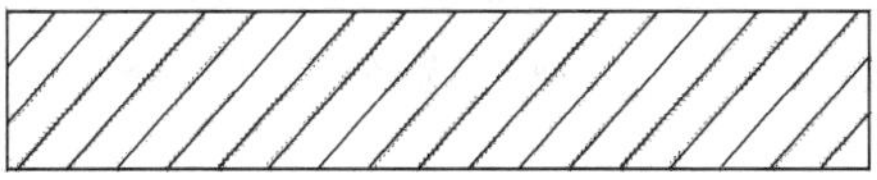  | (1) 包括砌体、砌块<br>(2) 断面较窄,不易画出图例线时,可涂红 |
| 砼 | 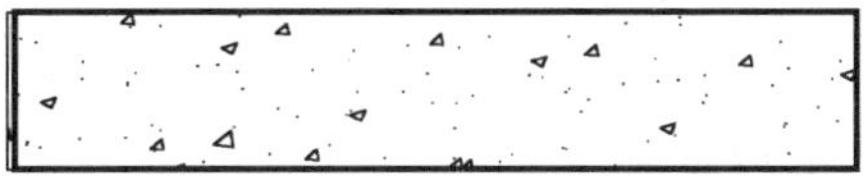  | (1) 本图例仅适用于能承重的砼及钢筋砼<br>(2) 包括各种强度等级、骨料、添加剂的砼<br>(3) 在剖面图上画出钢筋时,不画图例线<br>(4) 断面较窄,不易画出图例线时,可涂黑 |
| 钢筋砼 | 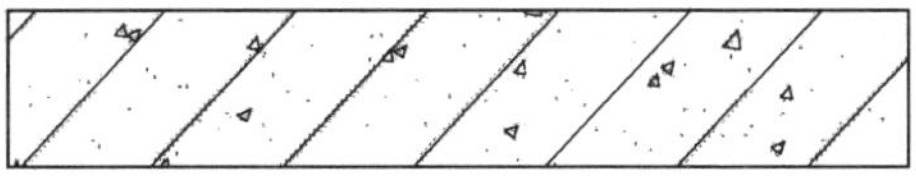  |  |
| 多孔材料 | 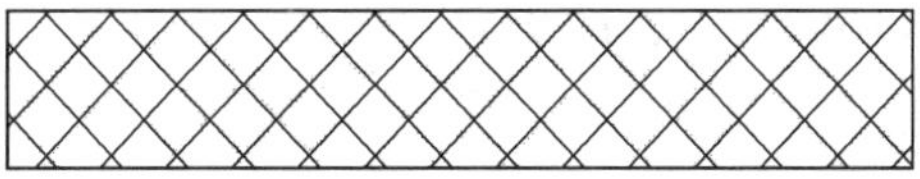  | 包括水泥珍珠岩、沥青珍珠岩、泡沫砼、非承重加气砼、泡沫塑料、软木等 |

（续表）

| 材料名称 | 图　例 | 说　明 |
|---|---|---|
| 木材 |  | (1) 上图为横断面，左上图为垫木、木砖、木龙骨<br>(2) 下图为纵断面 |
| 金属 |  | (1) 包括各种金属<br>(2) 图形小时，可涂黑。 |

## 2.2　绘图前的环境设置

### 2.2.1　CAD绘图环境设置

在进行园林施工图绘制之前，可以先对 AutoCAD 系统和绘图环境进行各种设置，以满足个人的需求和习惯。AutoCAD 提供了"选项"对话框，用来实现各种设置工作。该命令的调用方式为：

（1）快捷菜单：不运行任何命令也不选定任何对象，在绘图区域单击右键弹出快捷菜单，选择"选项"项。

（2）在命令行中输入：options（或别名 op、pr）

调用该命令后，系统将弹出"选项"对话框，该对话框由多个选项卡组成，分别用来进行相应的设置，下面我们针对施工图绘制中常用的一些设置分别进行介绍。

#### 2.2.1.1　"显示"选项

"显示"选项卡用于设置 AutoCAD 的显示情况，如图 2 - 12 所示。其中较为重要的设置为：

（1）"显示精度"栏：对象显示效果的设置。

圆弧和圆的平滑度：设置圆、圆弧和椭圆对象在屏幕上显示的平滑度（有效值为 1～20 000，缺省为 100）。该值越高，对象越平滑，但执行"regen"、"zoom"、"pan"等命令时需要的时间也越长。

（2）"十字光标大小"栏：控制十字光标的尺寸。

有效值的范围从全屏幕的 1%～100%，缺省尺寸为 5%。

#### 2.2.1.2　"用户系统配置"选项

"用户系统配置"选项卡用于设置 AutoCAD 中优化性能的选项，如图 2 - 13 所示。

图 2-12 "显示"选项卡

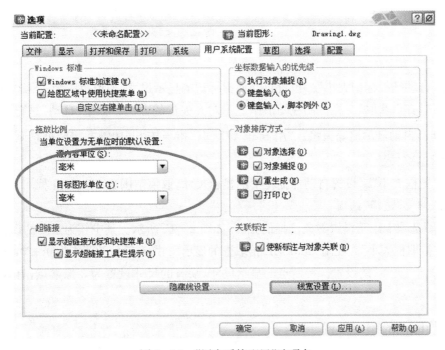

图 2-13 "用户系统配置"选项卡

"拖放比例"栏中的两个内容分别为："源内容单位"指设置当没有指定插入单位时，在被插入到当前图形中的对象上自动使用哪个单位。"目标图形单位"指设置当没有指定插入单位时，在当前图形中自动使用哪个单位。

### 2.2.1.3 "草图"选项

"草图"选项卡用于设置 AutoCAD 中一些基本编辑选项，如图 2-14 所示。其中较为重要的设置为：

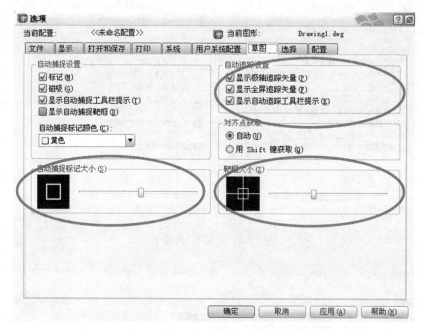

图 2-14 "草图"选项卡

（1）"自动捕捉标记大小"。设置自动捕捉标记的显示尺寸，取值范围为 1～20 像素。

（2）"对齐点获取"。栏控制在图形中显示对齐矢量的方法。其中"自动"是靶框移到对象捕捉上时，自动显示追踪矢量。"用 Shift 键获取"指当按 Shift 键并将靶框移到对象捕捉上时，显示追踪矢量。

（3）"靶框大小"。设置自动捕捉靶框的显示尺寸，取值范围为 1～50 像素。

### 2.2.1.4 "选择"选项

"选择"选项卡用于设置对象选择的方法，如图 2-15 所示。其中较为重要的设置为：

（1）"拾取框大小"。控制 AutoCAD 拾取框的显示尺寸，有效值的范围为 0～20，缺省为 3。

（2）关于"夹点"的设置。控制点的显示尺寸，缺省的尺寸设置为 3 像素点，有效值的范围 1～20。

## 2.2.2 绘图前的图层设置

绘制施工图尤其需要注意"图层管理"的问题。施工图中，"图层管理"的好与坏对整个作图过程有着重要的影响。

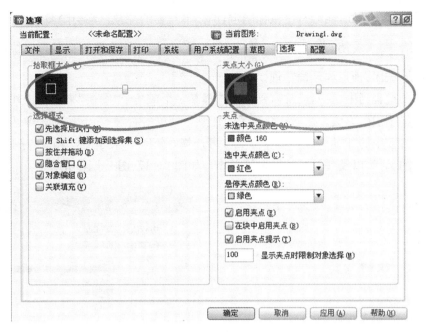

图 2-15　"选择"选项卡

首先,要对"图层的命名"做好准备工作。命名的方式可以随作图者的习惯来定义,这里列举一些"图层的名字"供参考。文字层:pub_text;标注层:pub_dim;其他应用的层如填充层 hatch,坐标层 axis,网格层 grid,定位层 local,标高层 level,铺装层 pavement。

绿化施工图中,乔木与灌木一般需要分开图层,且图层颜色为绿,方便植物平面图块放入相应的层。另外,乔木的文字和灌木的文字也要分开写,对以后单独编辑乔木层或灌木层也不会影响别的图层。

在作图的过程中,会随时关闭或打开需要的图层,我们介绍一个管理图层的快捷工具栏,但需要在安装 CAD 的时候有个附加安装文件叫 express,点击安装后再重启 CAD 就可以使用,如图 2-16 所示。

图 2-16　"图层"工具栏

这里,我们介绍几个常用的命令:

(1) 整理图层 。该命令可以把当前的"图层"作为一个记忆储存起来,自己命一个名字,然后单击 close 键。继续作图,等你需要转回之前的"图层"时,可以再单击这个图标,选择你之前所保存名字的那一栏,再单击 restore 键即可恢复到原来的"图层"上。

(2) 合并图层 。该命令是把不在同一个"图层"的图元合并到其中一个"图层"上。选择该图标,框选需要合并的几个图元,然后再点击要合并后的图元,那么其他图元就会统一到一个"图层"上,这样也提高了作图的速度。

(3) 单独图层 。该命令就是把其中一个"图层"独立出来。选择该图标,再选择需要独立的"图层"的图元,然后右击鼠标确定,那么不需要的"图层"都会隐藏掉。

(4)冻结 ❋ 、关闭 💡 、锁定 🔒 、开锁 🔓 图层。用这些图标就可以快捷地对"图层"进行冻结、关闭、锁定和开锁管理。

在作图的过程当中,我们经常需要单独选择某一个或几个"图层"来进行操作,这里介绍一个快速选择图层的方法。在 cad 绘图区的任意一处单击右键,在下拉列表中选择"快速选择",选择"特性"中的"图层",在"运算符"中,可选择"等于"、"大于"或"小于"来进行单个或多个"图层"的选择,以及"图层"的反选等操作。如图 2-17、图 2-18 所示。

图 2-17 "快速选择"下拉列表

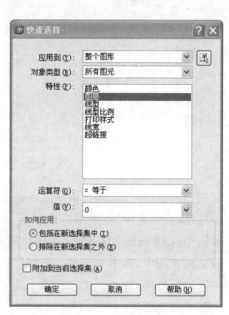

图 2-18 "快速选择"选项卡

# 2.3 绘制总平面图及尺寸定位图

## 2.3.1 施工目录与施工说明

### 2.3.1.1 图纸的分类与编号

方案确定以后,就可以就该项目的内容进行一个制图计划的安排,其中包括制图的时间范围、制图的内容大纲以及人员的安排。

项目设计负责人根据该项目的交底时间合理安排施工图的进度。并且应当在施工图初步完成后,预留大概 3~4 天的时间进行审图、改图、打印图纸及晒图工作。

项目负责人承担总体定位、竖向设计、水体及绿化种植设计等重要图纸的设计或指导工作。并要做好其他设计师的工作任务安排,还要协调与水电、结构设计师的合作。有条不紊的工作计划对施工图的进度有很大的推动作用。

景观施工图里基本上包括目录、施工说明、园施(总图、分图和详图部分)、绿施(上下木配置图、苗木表和绿化施工说明)、水施(室外排水、给水图和喷泉配置图)、电施(灯具布置图和电气总平面图)、结施(结构详图)等几个部分。具体内容如下:

(1) 施工图说明。

(2) 总平面索引图。

(3) 总平面尺寸定位图(包括网格定位图)。

(4) 总平面高程定位图(或竖向设计图)。

(5) 总平面铺装设计图。

(6) 室外家具布置图。

(7) 植物种植配置图。

(8) 栽植表(或苗木表)。

(9) 各分区平面图。

(10) 各铺装放大平面图。

(11) 各分区节点详图及结构设计。

(12) 灯具布置图。

(13) 电气设计总平面图。

(14) 给排水总平面图。

(15) 喷泉水景给排水图。

按施工图的类型分,可分为以下内容:

(1) 文字部分:封面、目录、施工说明、材料表等。

(2) 园建工程:

① 总图——总平面图、放样平面图、索引图、尺寸图、竖向图、总铺装图等。

② 分图——各分区详图、剖面做法图等。

(3) 绿化工程:种植设计说明、苗木表,种植施工图,局部施工放线图等。如果采用乔、灌、草多层组合,分层种植设计较为复杂,应该绘制上木和下木种植图。

(4) 结构工程:结构设计说明、基础图、基础详图、梁、柱详图、结构构件详图等。

(5) 电气工程:电气设计说明、主要设备材料表、电气施工平面图、施工详图、系统图、控制线路图等。

(6) 给排水工程:给排水设计说明、给排水总平面图、喷灌系统图等。

每个项目的施工图编制多少都会有些不同,但万变不离其宗。我们以"从实际出发,实事求是"的原则和态度,根据项目的大小,设计内容的多少来灵活调整施工图目录。比如一个小区的"园建"内容很少,主要以绿化种植为主,那么可以直接在总平面索引图上作分区的索引;项目设计的面积比较小,铺装比较简单也可以直接在总铺装图上表示清楚等,这些灵活的改动由项目负责人自主调整。

在初期拟定施工图目录,在绘制完所有施工图后按照图纸编写图号重新调整最终目录,两者结合使得制图过程中目录与图纸不会有脱节的情况。

一套完整的施工图图纸除了在绘图上表达详尽以外,整齐有序的目录图号汇编也起了很关键的作用。

在此,我们提供几种施工图编号方法供大家参考。例如看到这种编号:(YS-A-01-改)其中,YS表示园施、A表示项目的不同分区、01表示本专业图纸的编号、"改"表示设计变更。常用编号如下:

YS——园施、JS——结施、LS——绿施、SS——水施、DS——电施,如图2-19所示。

| 06 | JS-01 | 入口花池大样 | | | | 1 |
|----|-------|----------|---|---|---|---|
| 07 | JS-02 | 入口铺装大样 | | | | 1 |

图 2-19　常用绘图编号

目前新的图纸修改等改用"版本标志",原先采用的编号标志只需识图即可。新版本标志用施工图版本号;第一次出图版本号为0;第二次修改图版本号为1;第三次修改图版本号为2。

图2-20、图2-21、图2-22为本套案例施工图的图纸目录。

| 室主任 | | 专业负责 | 图　纸　目　录 | | | 图别 | 建施 |
|---|---|---|---|---|---|---|---|
| 校对 | | 编制 | | | | 共 3 页 | |
| | | | | | | 第 1 页 | |

| 序号 | 图　纸　名　称 | 图号 | 规格 | 附　注 |
|------|------------|------|------|--------|
| 1 | 设计总说明 | 01 | A2 | |
| 2 | 总平面布置图 | 02 | A1 | |
| 3 | 总平面铺装图 | 03 | A1 | |
| 4 | 总平面分区示意图 | 04 | A1 | |
| 5 | I分区平面布置图 | 05 | A1 | |
| 6 | I分区铺装图 | 06 | A1 | |
| 7 | 室外楼梯大样图 | 07 | A2 | |
| 8 | 儿童游乐场平面图 | 08 | A2 | |
| 9 | 儿童游乐场结构平面图 | 09 | A2 | |
| 10 | 儿童游乐场大样(一) | 10 | A2 | |
| 11 | 儿童游乐场大样(二) | 11 | A2 | |
| 12 | 南入口广场局部平面图(一) | 12 | A2 | |
| 13 | 南入口广场局部平面图(二) | 13 | A2 | |
| 14 | 南入口广场节点大样(一) | 14 | A2 | |
| 15 | 南入口广场节点大样(二) | 15 | A2 | |
| 16 | 南入口广场节点大样(三) | 16 | A2 | |
| 17 | II分区平面布置图 | 17 | A1 | |
| 18 | II分区铺装图 | 18 | A1 | |
| 19 | 太极场平面图 | 19 | A2 | |
| 20 | 太极场结构平面图 | 20 | A1 | |
| 21 | 太极场大样 | 21 | A2 | |
| 22 | 花槽大样(一) | 22 | A2 | |
| 23 | 花槽大样(二) | 23 | A2 | |

图 2-20　案例目录一

| 室主任 | | 专业负责 | | 图 纸 目 录 | | | 图别 | 建施 |
|---|---|---|---|---|---|---|---|---|
| 校 对 | | 编 制 | | | | | 共 3 页 | |
| | | | | | | | 第 2 页 | |

| 序号 | 图 纸 名 称 | 图 号 | 规 格 | 附 注 |
|---|---|---|---|---|
| 31 | 网球场B向立面图 | 31 | A2 | |
| 32 | 网球场大样图 | 32 | A2 | |
| 33 | 网球场结构大样图 | 33 | A2 | |
| 34 | IV分区平面布置图 | 34 | A1 | |
| 35 | IV分区铺装图 | 35 | A1 | |
| 36 | IV分区断面大样图（一） | 36 | A2 | |
| 37 | IV分区断面大样图（二） | 37 | A2 | |
| 38 | IV分区节点大样图（三） | 38 | A2 | |
| 39 | 湖区平面布置图 | 39 | A1 | |
| 40 | 湖区平面图 | 40 | A1 | |
| 41 | 湖区平面定位图 | 41 | A1 | |
| 42 | 湖区节点大样（一） | 42 | A1 | |
| 43 | 湖区节点大样（二） | 43 | A1 | |
| 44 | 湖区节点大样（三） | 44 | A1 | |
| 45 | 湖区节点大样（四） | 45 | A1 | |
| 46 | 湖区节点大样（五） | 46 | A1 | |
| 47 | 湖区节点大样（六） | 47 | A1 | |
| 48 | 湖区节点结构 | 48 | A2 | |
| 49 | 游泳池平面图 | 49 | A2 | |
| 50 | 游泳池桩位平面图 | 50 | A2 | |
| 51 | 游泳池结构平面图 | 51 | A2 | |
| 52 | 游泳池节点大样（一） | 52 | A2 | |
| 53 | 游泳池节点大样（二） | 53 | A2 | |
| 54 | 游泳池节点大样（三） | 54 | A2 | |
| 55 | 游泳池节点大样（四） | 55 | A2 | |
| 56 | 儿童池及按摩池平面图 | 56 | A2 | |
| 57 | 儿童池及按摩池节点大样（一） | 57 | A2 | |
| 58 | 儿童池及按摩池节点大样（二） | 58 | A2 | |
| 59 | 儿童池及按摩池节点大样（三） | 59 | A2 | |
| 60 | 儿童池及按摩池节点大样（四） | 60 | A2 | |

图 2-21　案例目录二

#### 2.3.1.2　施工说明

施工图的设计文件要完整，内容、深度要符合要求，文字、图纸要准确清晰，整个文件要经过严格校审，避免"错、漏、碰、缺"。

施工图设计根据已通过的初步设计文件及设计合同书中的有关内容进行编制，内容以

| 室主任 | | 专业负责 | | 图 纸 目 录 | | | 图别 | 建施 |
|---|---|---|---|---|---|---|---|---|
| 校 对 | | 编 制 | | | | | 共 3 页 / 第 3 页 | |

| 序号 | 图 纸 名 称 | 图号 | 规格 | 附 注 |
|---|---|---|---|---|
| 61 | 儿童池及按摩池节点大样(五) | 61 | A2 | |
| 62 | 儿童池及按摩池节点大样(六) | 62 | A2 | |
| 63 | 材料表(一) | 63 | A2 | |
| 64 | 材料表(二) | 64 | A2 | |
| 65 | 材料表(三) | 65 | A2 | |
| 66 | 通用节点大样图(一) | T01 | A2 | |
| 67 | 通用节点大样图(二) | T02 | A2 | |
| 68 | 通用节点大样图(三) | T03 | A2 | |
| 69 | 通用节点大样图(四) | T04 | A2 | |
| 70 | 通用节点大样图(五) | T05 | A2 | |
| 71 | 通用节点大样图(六) | T06 | A2 | |
| 72 | 通用节点大样图(七) | T07 | A2 | |
| 73 | 通用节点大样图(八) | T08 | A2 | |
| 74 | 通用节点大样图(九) | T09 | A2 | |
| 75 | 通用节点大样图(十) | T10 | A2 | |
| 76 | 住宅庭院铺地放大图 | T11 | A2 | |
| 77 | 儿童游乐铺地放大图 | T12 | A2 | |
| 78 | 太极场铺地放大图 | T13 | A2 | |
| 79 | 游泳池铺地放大图 | T14 | A2 | |
| 80 | 儿童池及按摩池铺地放大图 | T15 | A2 | |
| 81 | 住宅入口广场铺地放大图 | T16 | A2 | |
| 82 | 西面广场铺地放大图 | T17 | A2 | |
| 83 | 东面广场铺地放大图 | T18 | A2 | |
| 84 | 湖区剧场铺地放大图 | T19 | A2 | |
| 85 | 北入口广场铺地(一)放大图 | T20 | A2 | |
| 86 | 北入口广场铺地(二)放大图 | T21 | A2 | |
| 87 | | | | |
| 88 | | | | |
| 89 | | | | |
| 90 | | | | |

图 2-22 案例目录三

图纸为主。设计说明是对项目总体的概述和对一些施工要求等的具体说明。施工图设计文件一般以专业为编排单位。各专业的设计文件应经严格校审、签字后,方可出图及整理归档。

在设计中应因地制宜地积极推广和正确选用国家、行业和地方的建筑标准设计,并在设计文件的设计说明中说明图集名称和页次。

一般设计说明书和图纸应表达的内容、深度等要求,是考虑对园林景观工程通用而编制的。在进行一项园林工程具体设计时,应根据设计合同书的要求,参照本文对相应内容的深度要求编制设计文件;当工程项目中有本文未列入的内容时,宜参照本文对深度的要求,将其增加编入设计文件中。

设计说明中应包含以下内容:

(1) 设计依据及设计要求。应注明采用的标准图及其他设计依据。

(2) 设计范围。

(3) 标高及单位。应说明图纸文件中采用的标注单位,坐标采用的是相对坐标还是绝对坐标;如为相对坐标,须说明采用的依据。

(4) 材料选择及要求。包括对各部分材料的材质要求及建议。一般应说明的材料包括:饰面材料、木材、钢材、防水疏水材料、种植土及铺装材料等。

(5) 施工要求。强调需注意工种配合及对气候有要求的施工部分。

(6) 用地指标。应包含以下内容:总占地面积、绿地面积、道路面积、铺地面积、绿化率及工程的估算总造价等。

本案例施工说明如图 2 - 23 所示。

## 2.3.2　绘制总平面图

在绘制景观园林施工图之前,最先接触到的是方案图。一般的景观设计公司出的方案文本主要以手绘总平面、节点平面和效果图为主,那么怎么把美观的手绘方案图(见图 2 - 24)转化为工程上需要的精准的施工图呢? 这就是我们接下来要探讨的地方。

原始图纸就是甲方(建设方)或业主提供的原始图纸,其中包括项目的平面位置与方位、现状地形、红线范围、规划要求和现状建筑、道路和规划道路等等。通过原始资料可以对该项目有更深刻的理解。

打开原始图纸,首先要注意单位的设定。一般的原始规划图纸是以“米”为单位的,但施工工程出图要以“毫米”为单位,所以这里就需要把原始图放大 1 000 倍(见图 2 - 25)。

这里值得注意的地方是:作图时保留一份原始图纸,主要是为了以后坐标定位的需要,因为放大后的图纸,坐标就不是原来的坐标,所以需要到原始图里找到准确的坐标,然后复制到施工图里,再按照出图比例放大。另外,原始图的图层会比较零乱,需要在绘图之前重新整理图层。目的是把 CAD 里的隐藏图层或块等清理掉,以便作图的快捷和图面的整洁。方法是在命令栏中输入:快捷键“pu”后回车,出现如图 2 - 26 所示的对话框,单击“全部清理”按钮即可,或根据具体情况选择相应的子选项。

一些重要的图层,如雨水收集口位置、地形标高、建筑底层平面图等都要特别注意,施工图里竖向设计图和铺装图需要简单布置景观场地的排水设计,这就要确定建筑或市政设计方提供雨水收集口的位置。还有根据建筑底层平面图可以确切知道建筑门洞与窗户的位置,所以对于一些重要的场地信息,作图者不能轻易把图层删除。

## 设计总说明

一、建筑设计

1、工程内容

1.1、工程名称：＊＊市五洲花城居住小区环境设计

1.2、工程地点：广东省＊＊市

2、主要设计依据

2.1、相关的主要规范

2.1.1、《民用建筑设计通则》 JGJ37-87

2.1.2、《城市居住区规划设计规范》 GB50180-93（2002年版）

2.1.3、《公园设计规范》 CJJ48-92

2.1.4、《城市道路设计规范》 CJJ37-90

2.2、香港易道国际有限公司提供的设计方案

2.3、业主提供有关厂家的面材料样本及资料

3、道路、广场部分

3.1、所选用的铺装面材厚度及规格均应以材料表为准

3.2、所选用的铺装面材应选择符合产品标准要求的材料

3.3、铺装面材标注除特殊注明外均含灰缝

3.4、所标注的标高均为完成面的标高

4、围墙、花池、大门部分

4.1、砖砌体的强度等级为MU10，水泥砂浆等级为M5或M7.5，详具体施工图设计

4.2、所用木材均应做防腐处理，含水率不大于12%

4.3、围墙、花池等砌体的下部，距室外地坪60处设防潮层一道，其做法为抹20厚M5水泥砂浆，内掺5%防水剂

4.4、所有露明铁件焊接部分焊缝均应挫平，图内未注明时铁件外表刷防锈漆二道

5、本工程所标注的标高为绝对标高，选用黄海高程

6、本工程所标注的坐标为珠海坐标系

二、结构设计

1、未标注的砖砌体采用M5.0水泥砂浆砌MU7.5砖

2、所有回填土场应分层夯实，压实系数为0.94

3、挡土墙后的回填土应分层夯实，压实系数为0.94
粘聚力C=10kpa，内摩擦角Ø=10°

4、挡土墙每隔20米设置一道缝，缝宽20mm，缝内嵌填柔性防水材料

5、回填土夯实时应避开墙体

6、本图纸及说明的未尽事宜，按现行的国家施工及验收规范办理

| | | | | 兴建单位 | 五洲房产开发有限公司 | 资格证书号 | |
|---|---|---|---|---|---|---|---|
| | | | | | | 合同号 | |
| 审定 | | 专业负责 | | 工程名称 | 五洲花城小区环境（A区） | 审查批准号 | |
| 审核 | | 校对 | | 图纸内容 | 设计总说明 | 日期 | 2003.12.30 |
| 项目负责 | | 建筑设计 | | | | 图别 | 建施 |
| 注册建筑师 | | 结构设计 | | | | 图号 | 01 |

图 2-23 施工图设计总说明

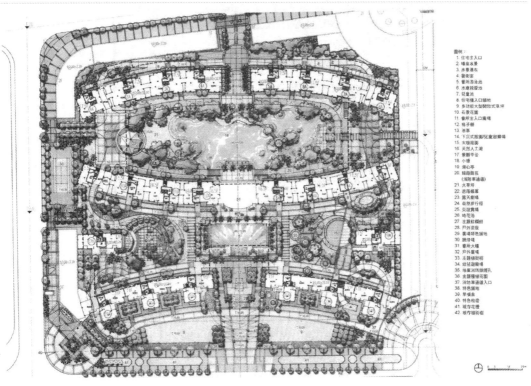

图 2-24　方案手绘图

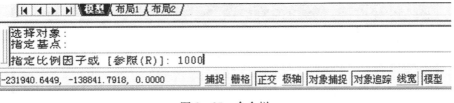

图 2-25　命令栏

### 2.3.2.1　如何将手绘图转化为 CAD 图纸

手绘方案平面图是景观设计中设计者展示其方案构思的第一步,拿到手绘图首先要看懂方案,哪里是铺装,哪里是绿化,哪里有水景等。手绘方案图有时为了表达效果的好看,其比例会和实际尺寸有偏差,比如有些设计师会把景观树画得很大,人画得很小,从而使整个平面图看起来景观效果较突出和丰富,但到了施工工程图就需要按比例和实际尺寸来绘制图纸。有些实际经验不丰富的设计师,在做方案时,构思得很好,绘制施工图时却成了问题,或者不甚合理,或者很难施工,会导致最后施工完成后的诸多情况。这些都要在绘制施工图时作再设计的调整,所以说施工图也是方案的再次深化。

我们以本次案例小区景观项目为例,在看懂原始图纸和手绘方案图的前提下,进行两者的结合——即把方案图描绘到原始地形中,以毫米为单位出图。

首先,打开 CAD 原始图,整理好图层,新建一个图层作为当前层(见图 2-27),这样的好处就是描好图以后可以关闭当前层,把手绘底图隐藏掉。

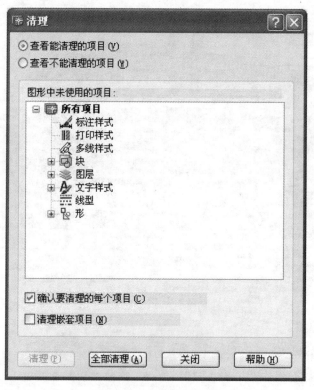

图 2-26 "清理"工具栏

图 2-27 "图层特性管理器"工具栏

然后在菜单栏的插入里,点击光栅图像(见图 2 - 28),然后选择需要的那张手绘方案图,单击确定按钮,鼠标单击图纸空白处,在绘图区里拉出手绘图,拉伸得越远插入的图纸就越大(见图 2 - 29)。

图 2 - 28　"光栅图像"

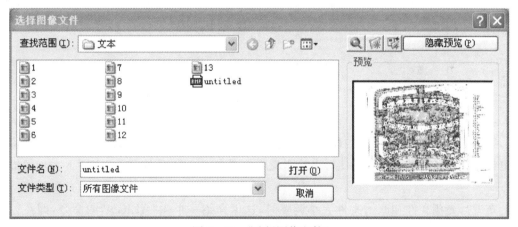

图 2 - 29　"选择图像文件"

　　打开"图像"对话框后,勾选"插入点"下的"在屏幕上指定"和"缩放比例"下的"在屏幕上指定"两个复选框,然后单击"确定"按钮,如图 2 - 30 所示。

　　这里有个小技巧,在插入光栅图片之后,双击图片的一个夹点,会弹出"图像调整"对话框,此时可以对插入图像的亮度、对比度、褪色度进行适当的调整,方便图纸的绘制(见图 2 - 31)。

　　图像调整前与调整后的对比图片如图 2 - 32 所示,将色调调暗后,更易于将所绘制的图线与插入图片分离出来,以免造成视觉上的混乱,也利于保护绘图者的视力。

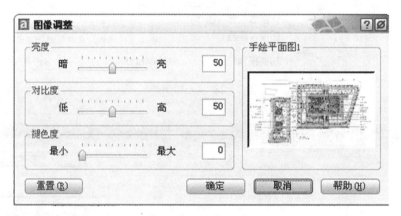

图2-30 "图像"工具栏

图2-31 "图像调整"工具栏

接着,需要利用手绘图里的建筑角点与原始图的建筑角点对应,因为建筑的角点最容易找也最准确。这样做的目的是使得手绘图与原始图大小一致,完全重合,方便下一步的描图工作。

在进行光栅文件和原始文件大小调整时,这里介绍一个叫"ALIGN"的命令,即在二维和三维空间中将对象与其他对象对齐。它利用对象的两个点甚至三个点与其他对象对齐,既有缩放又有对齐的作用,而"SCALE"命令只是单纯的缩放对象。

在命令栏输入"ALIGN"的命令(见图2-33),选择光栅图像,回车确定后根据命令栏的提示,点击图像的一个建筑角点,再点原始图里相应的建筑角点,第一个对齐点确定,然后再点击图像的另一个建筑角点,这里,对齐角点的距离越大,对齐的准确性也越大,点原始图里相应的另外一个建筑角点,第二个对齐点对好,回车。命令栏里出现"是否基于对齐点缩放对象?[是(Y)/否(N)]"的提示,按"Y"表示是,图像就会缩放且对齐原始图里相应的位置。注意,有时因为手绘图的建筑角点有误差,并不能十分吻合,所以可以多次运用这个命令以达到满意的效果。

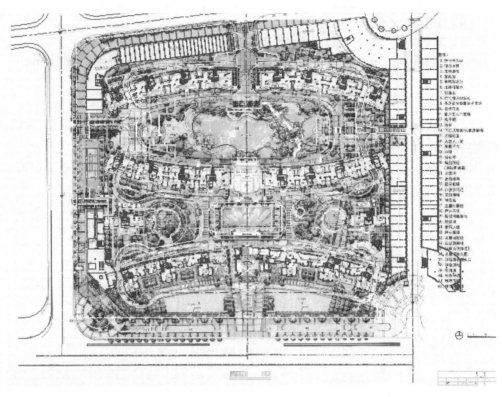

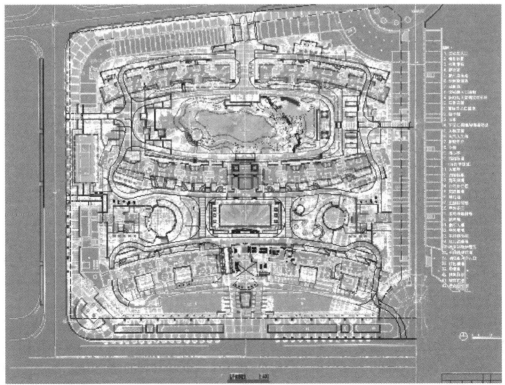

图 2-32　图像调整前后对比

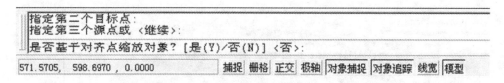

图 2 - 33　命令栏

对齐后,我们发现光栅图像像一张纸覆盖在原始图上,不能很好地进行描图,所以选择光栅图像,在工具栏里找绘图顺序,选择后置命令(见图 2 - 34),图像就会显示后置。这样,根据手绘方案图,可以比较准确地描到 CAD 图里面。注意,从描线开始就要有分层的习惯,对于图层进行有效的管理,对以后的制图来说,是很有用的。

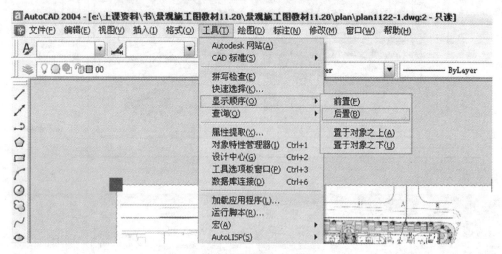

图 2 - 34　"后置"下拉列表

描图的时候要注意:边画边思考边修改。前面已经说过,手绘方案图用绘图笔在纸上描绘,尺寸和实际有偏差,作图时根据比例,尺寸应调整为整数,如小区道路 4.5 米宽,在图纸上就是 4 500,不可能出现 4 512 的尺寸;道路侧石没有特别说明要用双线表示;铺装也要分为铺装分割线和铺装材质填充两个图层;手绘图上的植物不用描出来,因为此前的手绘是为了图面构图好看,并不一定那个地方就按照手绘的来施工,所以到施工图这一阶段,要求专门研究植物配置的景观设计师根据当地现场水文、气候、光照及地理条件等因素全局考虑,重新绘制绿化施工图图纸(见图 2 - 35)。

在描图的过程中,经常需要修改和完善设计方案,这就需要多与参与该项目的设计师交流意见和施工经验,力图把问题避免在绘制施工图之前,避免因出现较大的施工障碍而迫使方案重调的现象。

需要补充的一点是,此时插入的光栅文件如果文件路径更改,在 CAD 图像中将无法正常显示,补救的办法是将修改过的路径重新加载一次。即在"插入"菜单下拉列表中选择"图像管理器"。"图像管理器"对话框中,在"浏览"按钮下重新输入新的路径信息,如图 2 - 36、图 2 - 37 所示。

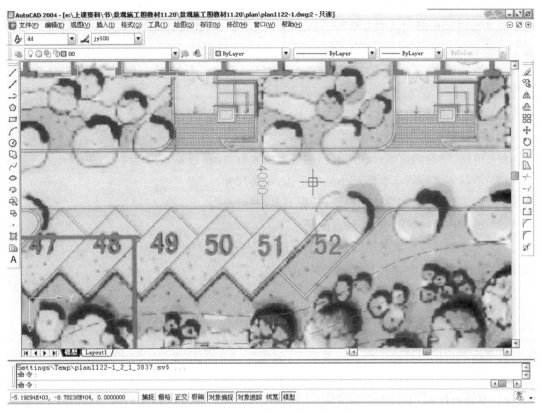

图 2-35　在光栅文件上描图

图 2-36　"图像管理器"下
　　　　拉列表图

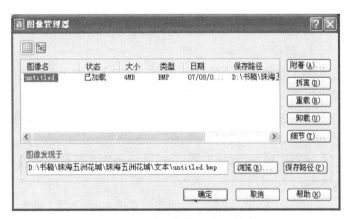

图 2-37　"图像管理器"工具栏

#### 2.3.2.2　总平面图绘制的内容

　　打个比方来描绘如何画景观施工图,就是像剥洋葱那样,从大的范围定位到小的节点细部,一层层地剥,剥到最后的结果就是让施工人员通过图纸就可以实现该景观工程。所以,总图部分的绘制就是设计师的概念设计落实到实际现场中的过程,要使得设计满足使用功能及规范要求,是可行性操作的第一步。

总平面图是根据项目的方案所绘制的施工总平面图,是设计思想的总体体现,也是整套施工图的纲领。其中,具体内容包括:

(1) 指北针(或风玫瑰图),绘图比例(比例尺),文字说明,景点、建筑物或者构筑物的名称标注,图例表。

(2) 分区范围的划分及索引。

(3) 整体铺装的规格样式。

(4) 道路、铺装的位置、尺寸角度、主要点的坐标、标高以及定位尺寸。

(5) 小品主要控制点坐标及小品的定位、定形尺寸。

(6) 地形、水体的主要控制点坐标、标高及控制尺寸。

(7) 植物种植区域范围、品种及数量。

(8) 对无法用标注尺寸准确定位的自由曲线园路、广场、水体等,应给出该部分局部放线详图,用放线网表示,并标注控制点坐标。

2.3.2.3 总平面图绘制的要求

1) 布局与比例

图纸应按上北下南方向绘制,根据场地形状或布局,可向左或右偏转,但不宜超过 45°。施工总平面图根据项目的大小一般采用 1:500、1:1 000、1:2 000 的比例绘制。

2) 图例

《总图制图标准》中列出了建筑物、构筑物、道路、铁路以及植物等的图例,具体内容参见上节的制图标准。如果由于某些原因必须另行设定图例时,应该在总图上绘制专门的图例表进行说明。

3) 图线

在绘制总图时应该根据具体内容采用不同的图线,具体内容参照上一节图线的规定。

4) 单位

施工总平面图中的坐标、标高、距离宜以米为单位,并应至少取至小数点后两位,不足时以 0 补齐。详图宜以毫米为单位,如不以毫米为单位,应另加说明。

建筑物、构筑物、铁路、道路方位角(或方向角)和铁路、道路转向角的度数,宜注写到秒,特殊情况,应另加说明。

道路纵坡度、场地平整坡度、排水沟沟底纵坡度宜以百分计,并应取至小数点后一位,不足时以 0 补齐。

总平面图的绘制内容参照前一章的内容介绍。事实上总图面一般是对项目场地的总体绘制。要求图线清晰完整,图层及线型设置准确合理,并标注出必要的景点文字,以帮助施工人员理解方案设计内容。如哪里是种植,哪里是水体等。较小项目的总平面图可以和定位图合二为一,即可在其上标注主要的尺寸。较大的项目则要分开绘制。

需要说明的一点是,这时的总平面图还要作为"基础图"为后面各张图纸进行"外部参照"时使用。即后面的索引图、定位图、高程图等都可以引用此张图为参照图纸,再加以绘制。

这样的好处有两个:第一,减少图形的容量大小,以提高机器的运行的速度,提高绘图效率;第二,便于修改。因为在施工图的绘制过程中,难免因为这样那样的原因要调整方案及图纸内容,相应的就需要对总图进行部分改动。如果改动所有图纸势必费时费力,如用"外部参照"的话,只需要在总平面图上进行修改,其他参照的图纸只要将"外部参照"图片"重载"后,就会相应改动。关于"外部参照"的使用,我们在下面章节将详细介绍。

图 2-38 为本案例的总平面图(局部)。

### 2.3.3　定位图

定位图就是对项目中的道路、水体、景观小品等主要控制点的角度、尺寸及方位的定位,用以项目施工时的放线和打桩等用途。

定位图的定位方式大致分三种:尺寸定位、网格(放线)定位、坐标定位。

1) 尺寸定位

尺寸定位主要是标注景观中重要控制点与建筑物的关系。一般来说,建筑物的施工都是在景观施工之前。所以在绘制景观尺寸定位图时,可利用建筑的定位和坐标点来绘制。和建筑施工图标注一样,景观尺寸定位图有三道尺寸,第一道是构筑物自身的尺寸,第二道是构筑物之间相互关系的尺寸,第三道是总的轮廓尺寸。但我们主张总图的尺寸定位以能够清楚表达大的空间关系为主要目的。能够在分图里详细标注的尽量不需要在总图表示,这样也是为了图面的整洁与布图的条理。

该图一般包括:指北针、绘图比例、文字说明、建筑或构筑物的名称、道路名称。

2) 网格(放线)定位

除尺寸定位以外,有些图纸还需要进行网格定位(见图 2-39)。网格定位通常主要用于对以下方面进行定位:广场控制点坐标及广场尺度;小品控制点坐标及小品的控制尺寸;水景的控制点坐标及控制尺寸。

对于无法用标注尺寸准确定位的自由曲线园路、广场等,应做该部分的局部网格(放线)详图,但须有控制点坐标。

网格(放线)定位图绘制时,通常选用已有建筑物的交叉点或道路的交叉点作为网格的起始点。这个点即为施工坐标零点。施工坐标为相对坐标,网格就是以这一点为准进行横向和纵向的偏移。一般横纵向网格分别用大写英文字母 A、B 表示。

施工坐标网格应以细实线绘制。根据实际项目的大小调整网格的密度。一般画成100 m×100 m 或者 50 m×50 m 的方格网。于面积较小的场地可以采用 5 m×5 m 或者10 m×10 m 的施工坐标网。

3) 坐标定位:

坐标分为测量坐标和施工坐标。测量坐标为绝对坐标,测量坐标网应画成交叉十字线,坐标代号宜用"X、Y"表示,如图 2-40 所示。

坐标宜直接标注在图上,如坐标数字的位数太多时,可将前面相同的位数省略,其省略位数应在附注中加以说明,检查坐标的命令是"id"。

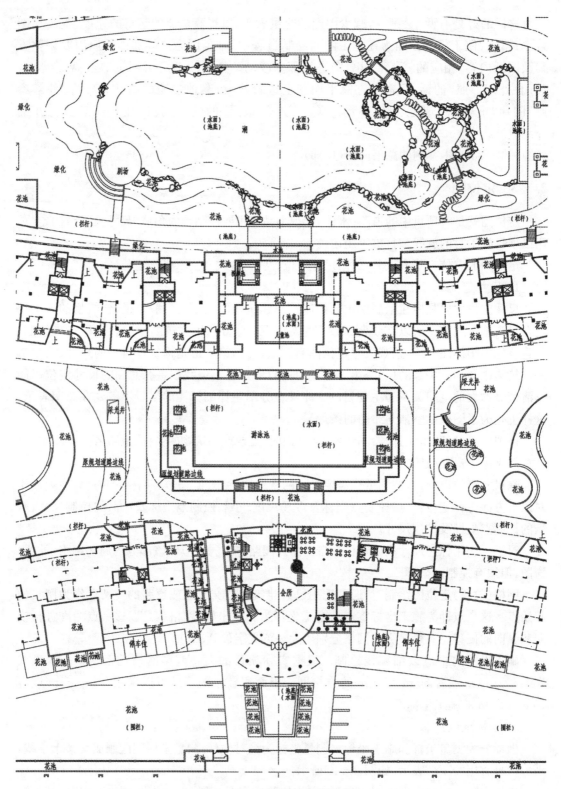

图 2-38　总平面布置图(局部)

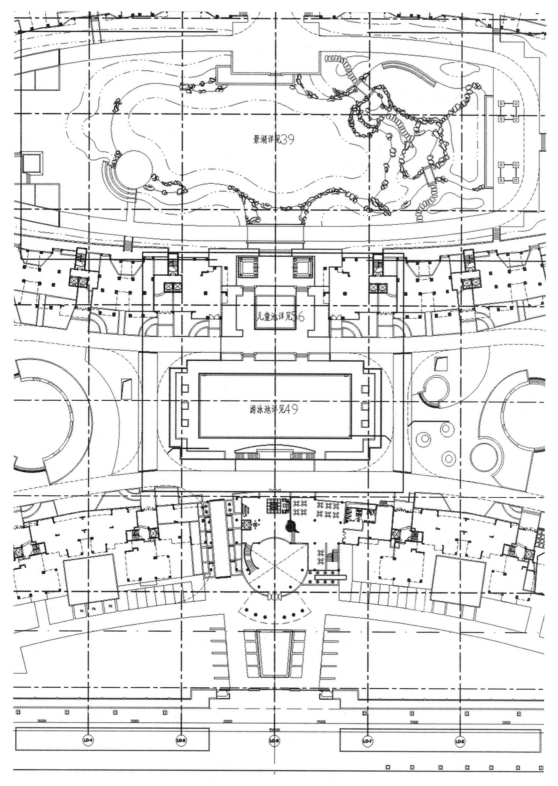

图 2-39　总平面网格定位图（局部）

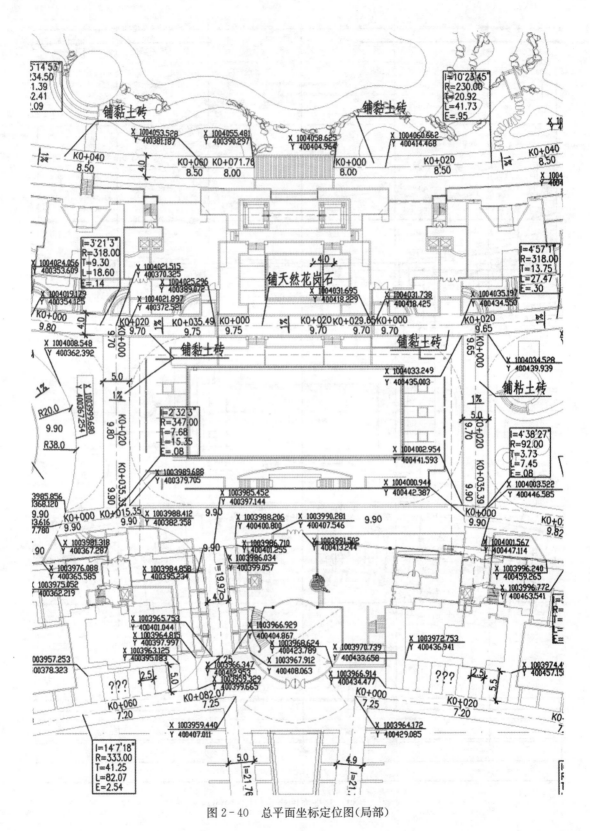

图 2-40　总平面坐标定位图(局部)

建筑物、构筑物、道路等应标注下列部位的坐标：建筑物、构筑物的定位轴线（或外墙线）或其交点；圆形建筑物、构筑物的中心；挡土墙墙顶外边缘线或转折点。表示建筑物、构筑物位置的坐标，宜注其三个角的坐标，如果建筑物、构筑物与坐标轴线平行，可注对角坐标。

平面图上有测量和施工两种坐标系统时，应在附注中注明两种坐标系统的换算公式。

## 2.4　绘制竖向图及索引图

### 2.4.1　总平面竖向图绘制

竖向设计是指在一块场地中进行垂直于水平方向的布置和处理，也就是地形高程设计。一个优秀的设计方案不仅考虑平面图的形式，竖向的设计同样至关重要。竖向设计不仅要充分了解现状地形的高差变化，更要巧妙地利用原有地形或进行适当的设计改造达到最终的理想效果。这里需要注意以下几点：

（1）现状与原地形标高、地形等高线、设计等高线的等高差一般取 0.25～0.5 米，当地形较为复杂时，需要绘制地形等高线放样网格。

（2）最高点或者某些特殊点的坐标及该点的标高应标出。如：道路的起点、变坡点、转折点和终点等的设计标高（道路在路面中、阴沟在沟顶和沟底）、纵坡度、纵坡距、纵坡向、平曲线要素、竖曲线半径、关键点坐标；建筑物、构筑物室内外设计标高；挡土墙、护坡或土坡等构筑物的坡顶和坡脚的设计标高；水体驳岸、岸顶、岸底标高，池底标高，水面最低、最高及常水位等。

（3）应标出地形的汇水线和分水线，或用坡向箭头标明设计地面坡向，指明地表排水的方向、排水的坡度等。

（4）重点地区、坡度变化复杂的地段要绘制其地形断面图，并标注标高、比例尺等。

（5）当工程比较简单时，竖向设计施工平面图可与施工放线图合并。

施工图中标注的标高应为绝对标高，如标注相对标高，则应注明相对标高与绝对标高的关系。

建筑物、构筑物、铁路、道路等应按以下规定标注标高：建筑物室内地坪，标注图中±0.00 处的标高，对不同高度的地坪，分别标注其标高；建筑物室外散水，标注建筑物四周转角或两对角的散水坡脚处的标高；构筑物标注其有代表性的标高，并用文字注明标高所指的位置；道路标注路面中心交点及变坡点的标高；挡土墙标注墙顶和墙脚标高，路堤、边坡标注坡顶和坡脚标高，排水沟标注沟顶和沟底标高；场地平整标注其控制位置标高；铺砌场地标注其铺砌面标高。

总平面竖向图一般包括：指北针，图例，比例，文字说明，图名。文字说明中应该包括标注单位、绘图比例、高程系统的名称、补充图例等（见图 2－41）。

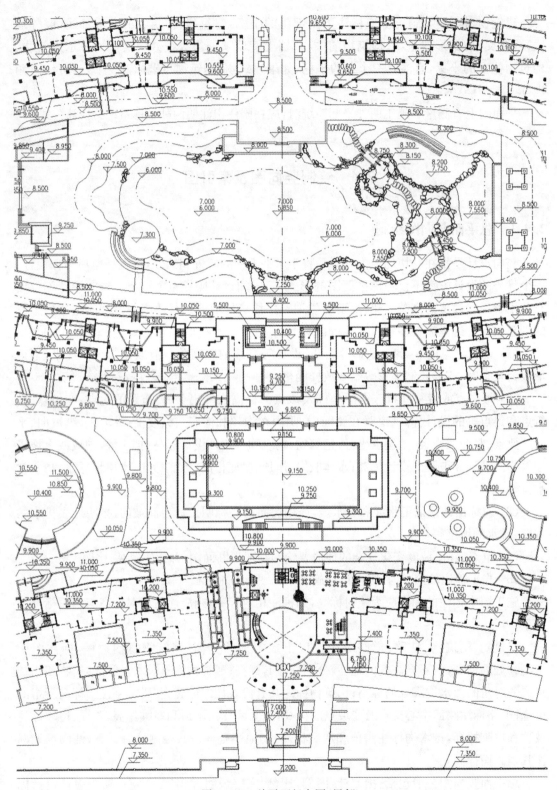

图 2-41 总平面竖向图（局部）

### 2.4.2　总平面索引图

　　总平面索引图就是对每一个需要详细绘制的分区或节点进行索引。对于一些比较大的工程,需要设计分区索引图,然后从分区索引图里再引出索引更详细的详图,如图 2-42 所示。而小型的项目则要对一些重要区域或节点进行索引,如图 2-43 所示。一般用粗虚线框划出分图范围,标明此分图在另外的图纸上的图号及名称。

　　总平面索引图一般包括:指北针、绘图比例、文字说明、建筑或构筑物的名称及道路名称。

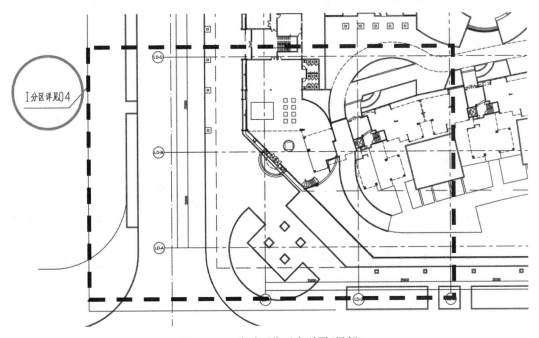

图 2-42　总平面分区索引图(局部)

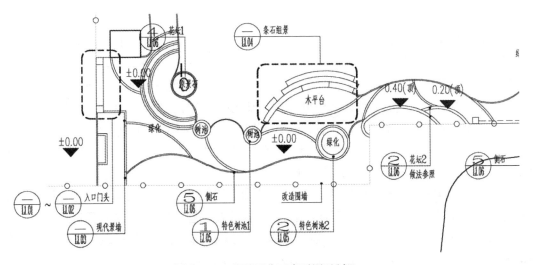

图 2-43　总平面分区索引图(局部)

## 2.5 绘制总平面物料图

### 2.5.1 总平面铺装图绘制

总平面铺装图是对整个项目的铺装材料做总体的说明。对于比较小的项目来说,需要总的铺装设计图来概括整个项目的铺装情况。所以,铺装的图案、尺寸、材料、规格、拼接方式等等都可以在总的铺装图里表达清楚。要注意的是,若用的材料是 300×300 的花岗岩,那么在图面上的铺装填充规格也要符合 300×300 这个尺寸,如图 2-44 所示。

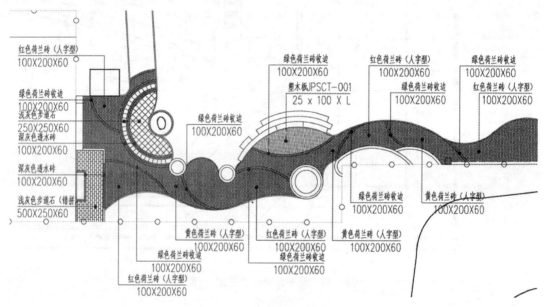

图 2-44 小平面铺装图(局部)

对于大的项目来说,项目中涉及的各种铺装不可能在一张图纸上就能表达清楚。这时可以把每个分区具体的铺装图放到相应的分区部分绘制。也可以将整个项目中主要的铺装材料绘制在一张总平面铺装图里(见图 2-45)。这样可以方便计算和汇总整个项目所需的主要铺装材料的基本情况。将这些材料分类整理,根据材料的名称、颜色、铺设位置、尺寸规格和完成面处理方式制作项目材料表,如图 2-47、图 2-48、图 2-49 所示。

在总平面铺装图后,还包括铺装分区平面图,即详细绘制各分区平面内的硬质铺装花纹,详细标注各铺装花纹的材料材质及规格。

然后在索引图里引出了局部铺装平面图,即铺装分区平面图中索引到的重点平面铺装图,这时可对各个铺装局部进行详细绘制。详细标注铺装放样尺寸、材料材质规格等。

最后是铺装局部详图,即详细绘制铺装花纹的详图,标注详细尺寸及所用材料的材质、规格。有特殊要求的还要标网格定位。另外,铺装详图上要表示排水组织方向及排水坡度。

关于铺装详图的绘制在后面的章节会详细介绍。

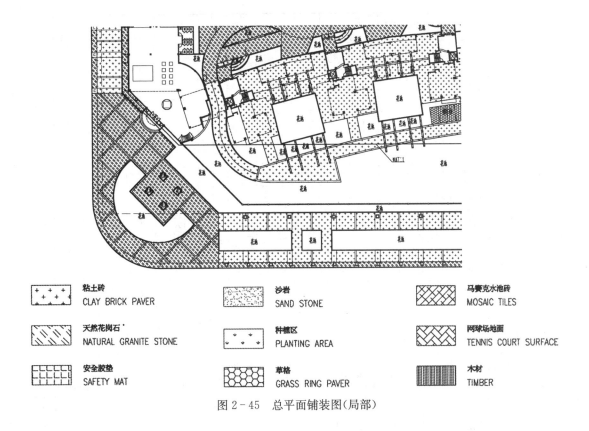

| | | | | | |
|---|---|---|---|---|---|
| | 粘土砖<br>CLAY BRICK PAVER | | 沙岩<br>SAND STONE | | 马赛克水池砖<br>MOSAIC TILES |
| | 天然花岗石<br>NATURAL GRANITE STONE | | 种植区<br>PLANTING AREA | | 网球场地面<br>TENNIS COURT SURFACE |
| | 安全胶垫<br>SAFETY MAT | | 草格<br>GRASS RING PAVER | | 木材<br>TIMBER |

图 2-45　总平面铺装图（局部）

## 2.5.2　室外家具布置图绘制

在总图图纸当中，还应设有设施布置图，其中包括室外家具的名称、位置及数量。即在总平面图当中，以图例的形式标出其相应的位置，在图纸的边角处列表，统计出各种设施的数量。例如在一套街道家具布置图，就可包括如下内容：休闲桌椅、遮阳伞休憩椅组、座椅、垃圾桶、方形花箱、花钵、雕塑、游戏器具、健身器具等。当然，这些图纸都要视具体的项目情况而定（见图 2-46）。

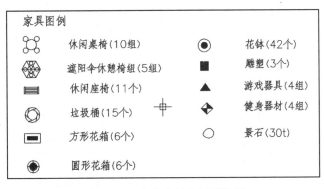

图 2-46　室外家具布置图图例

| 序号 | 代号 | | | | 内容/物料类型 | 位置 | 颜色 | 尺寸/mm | 完成面 |
|---|---|---|---|---|---|---|---|---|---|
| 一 | | | | | 地面铺砌物料 | | | | |
| 1 | | | | | 粘土砖 | | | | |
| | BP | BF | NA | 1 | 红狮黏土砖 | 人行道/架空层开放空间 | 米黄(MAO-002JC) | 200×100×65/200×100×50 | |
| | BP | TN | NA | 1 | 红狮黏土砖 | 人行道/架空层开放空间 | 浅橙(MAO-003JC) | 200×100×65/200×100×65 | |
| | BP | LG | NA | 1 | 红狮黏土砖 | 人行道/架空层开放空间 | 浅灰(MAO-009JC) | 200×100×65/200×100×65 | |
| 2 | | | | | 天然花岗石 | | | | |
| | SG | RY | LO | 1 | 天然花岗石板 | 广场 | 黄锈石 | 400×600×30(400×600×50) | 龙眼面 |
| | SG | RY | LO | 2 | 天然花岗石板 | 广场台阶 | 黄锈石 | 300×400×30 | 龙眼面 |
| | SG | RY | LY | 1 | 天然花岗石板 | 人行道/剧场 | 黄锈石 | 600×600×30(600×600×50) | 荔枝面 |
| | SG | RY | LY | 2 | 天然花岗石板 | 剧场 | 黄锈石 | 400×400×30 | 荔枝面 |
| | SG | RY | LY | 3 | 天然花岗石板 | 石桥/剧场 | 黄锈石 | 300×400×30 | 荔枝面 |
| | SG | RY | LY | 4 | 天然花岗石板 | 台阶/剧场 | 黄锈石 | 200×200×30 | 荔枝面 |
| | SG | RY | LY | 5 | 天然花岗石板 | 住宅入口/广场/台阶/剧场 | 黄锈石 | 100×100×50 | 荔枝面 |
| | SG | RY | NF | 1 | 天然花岗石板 | 铺砌边沿 | 黄锈石 | 300×400×30 | 天然面 |
| | SG | RY | NF | 2 | 天然花岗石板 | 铺砌边沿 | 黄锈石 | 300×200×30 | 天然面 |
| | SG | GB | FF | 1 | 天然花岗石路沿 | 人行道/车道/花槽路沿 | 蓝绿麻 | 直路边缘:人行道/车道-150×800×200 花槽路沿-200×800×200 弯路边缘:不多于600mm长,花岗石盖须按现场半径大小切割至合适的弧度 | 烧面 |
| | SG | GB | FF | 2 | 天然花岗石板 | 铺砌边沿/特色铺砌边沿 | 蓝绿麻 | 100×100×50 | 烧面 |
| | SG | GB | LO | 1 | 天然花岗石板 | 水池直身墙 | 蓝绿麻 | 见详图 | 龙眼面 |
| | SG | GB | NF | 1 | 天然花岗石板 | 花槽/剧场 | 蓝绿麻 | 100×100×50 | 天然面 |
| | SG | AB | FF | 1 | 天然花岗石板 | 特色铺砌 | 中国纯黑麻 | 200×200×30 | 烧面 |
| 3 | | | | | 草格 | | | | |
| | GR | MG | NA | 1 | 植草板 | | 绿色 | 320×320×35 | |
| 4 | | | | | 安全面料及运动场面料 | | | | |
| | MS | NA | NA | 1 | 安全胶垫 | 儿童游乐场 | 见详图 | 见详图 | |
| | MS | NA | NA | 2 | 安全胶垫 | 太极场 | 见详图 | 见详图 | |
| | MS | NA | NA | 3 | | 网球场 | 见详图 | 见详图 | |
| 5 | | | | | 墙身铺砌物料 | | | | |
| | WG | GB | PF | 1 | 天然花岗石顶块 | 圆形/正方形花槽 | 蓝绿麻 | 见详图 | 打磨面 |
| | WG | GB | PF | 2 | 天然花岗石顶块 | 圆形/正方形花槽/石座椅 | 蓝绿麻 | 见详图 | 打磨面 |
| | WG | GB | PF | 3 | 天然花岗石板 | 水池墙身 | 蓝绿麻 | 400×600×100 | 打磨面 |

图2-47 材料表一

| 序号 | | 代号 | | 内容/物料类型 | 位置 | 颜色 | 尺寸/mm | 完成面 |
|---|---|---|---|---|---|---|---|---|
| WG | GB | PF | 4 | 天然花岗石板 | 水池侧身 | 蓝绿麻 | 400×750×30 | 打磨面 |
| WG | GB | PF | 5 | 天然花岗石板 | 水池池底 | 蓝绿麻 | 300×750×100  200×750×30 | 打磨面 |
| WG | GB | PF | 6 | 天然花岗石板 | 水池池底 | 蓝绿麻 | 300×750×100  200×75×30 | 打磨面 |
| WG | GB | FF | 1 | 天然花岗石板 | 泳池特色墙 | 蓝绿麻 | 见详图 | 烧面 |
| WG | GB | LF | 1 | 天然花岗石板 | 凉亭柱/阴棚架柱/石桥/阳台围栏 | 蓝绿麻 | 见详图 | 烧面 |
| WG | GB | LY | 1 | 天然花岗石板 | 直身花槽墙 | 蓝绿麻 | 见详图 | 荔枝面 |
| WS | GB | NF | 1 | 板石 | 瀑布 | 绿 | 500~700(宽)  30~50(高) | 天然面 |
| WG | RY | LY | 1 | 天然花岗石板 | 入口围墙/住宅入口特色围墙 | 黄锈石 | 800×800×30 | 荔枝面 |
| WG | RY | LY | 2 | 天然花岗石板 | 入口围墙/住宅入口特色围墙 | 黄锈石 | 800×400×30 | 荔枝面 |
| WG | RY | LY | 3 | 天然花岗石板 | 警卫室 | 黄锈石 | 400×400×30 | 荔枝面 |
| WG | RY | NF | 1 | 天然花岗石板 | 入口围墙/住宅入口特色围墙 | 黄锈石 | 800×400×30 | 天然面 |
| WG | RY | NF | 2 | 天然花岗石板 | 入口围墙/住宅入口特色围墙 | 黄锈石 | 400×400×30 | 天然面 |
| WG | RY | NF | 3 | 天然花岗石板 | 泳池特色墙 | 黄锈石 | 200×800×30 | 天然面 |
| WG | RY | LO | 1 | 天然花岗石板 | 围墙柱/网球场柱 | 黄锈石 | 见详图 350×450×30 | 龙眼面 |
| WG | RY | PF | 1 | 天然花岗石条 | 围墙柱/网球场柱 | 黄锈石 | 40×850×30 | 打磨面 |
| PG | LG | NA | 1 | 喷沙 | 儿童游乐场/太极场特色围墙  网球场/游泳池特色围墙 | 浅灰色(CU-48-A) | 5~6 mm 水剂仿石底漆 Bonncera Primer  6~8 mm 水剂仿沙涂层 Ceracube Compound  6~8 mm 油剂透明聚胺脂面漆  Bonncera Clea Polyurethance Topcoal | |
| PG | LW | NA | 1 | 喷沙 | 儿童游乐场/太极场特色围墙 | 浅啡色(CU-43-C) | 5~6 mm 水剂仿石底漆 Bonncera Primer  6~8 mm 水剂仿沙涂层 Ceracube Compound  6~8 mm 油剂透明聚胺脂面漆  Bonncera Clea Polyurethance Topcoal | |
| PG | DW | NA | 1 | 喷沙 | 儿童游乐场/太极场特色围墙 | 深啡色(CU-44-D) | 5~6 mm 水剂仿石底漆 Bonncera Primer  6~8 mm 水剂仿沙涂层 Ceracube Compound  6~8 mm 油剂透明聚胺脂面漆  Bonncera Clea Polyurethance Topcoal | |
| PG | MU | NA | 1 | 喷沙 | 儿童游乐场/太极场特色围墙 | 蓝色(CU-47-D) | 5~6 mm 水剂仿石底漆 Bonncera Primer  6~8 mm 水剂仿沙涂层 Ceracube Compound  6~8 mm 油剂透明聚胺脂面漆  Bonncera Clea Polyurethance Topcoal | |

图 2-48 材料表二

| 序号 | 代号 | | | | 内容/物料类型 | 位置 | 颜色 | 尺寸/mm | 完成面 |
|---|---|---|---|---|---|---|---|---|---|
| | PG | DU | NA | 1 | 喷沙 | 儿童游乐场/大极场特色甬墙 | 深蓝色(CU-46-D) | 5~6 mm 水剂仿石防石底涂 Bonncera Primer | 荔枝面 |
| | | | | | | | | 6~8 mm 水剂仿沙涂层 Ceracube Compound | |
| | | | | | | | | 6~8 mm 油剂透明聚胺脂面漆 Bonncera Clear Polyurethance Topcoal | |
| 三 | AG | | | 1 | Arifical Granite Tiles | 架空层开放空间花槽 | | 见详图 | 荔枝面 |
| 水池铺砌物料 | | | | | | | | | |
| | SN | YG | NF | L1 | 天然石块 | 水池 | 灰黄色 | 1:900~1500(宽) 800(高) 2:500~700(宽) 500(高) 3:300~400(宽) 400(高) | 天然面 |
| | SN | YG | NF | L2 | 天然石块 | 水池边沿 | 灰黄色 | 100~200(直径) X50~80(厚) | 天然面 |
| | SN | YG | NF | L3 | 天然踏脚板石 | 水池 | 灰黄色 | 1:500~700(宽) 400(高) 2:300~400(宽) 400(高) | 天然面 |
| | SN | YG | NF | L4 | 天然石块 | 瀑布 | 灰黄色 | 500~700(宽) | 天然面 |
| | RP | MG | NF | L1 | 河卵石 | 水池底部 | 灰色 | 30~60(直径) | 天然面 |
| | WT | BB | SF | L1 | 水池阳台 | 水池 | 颜色与样板房露台木板铺面相同 | 见详图 | 与样板房露台木板铺面相同 |
| 四 | 冰池铺砌物料 | | | | | | | | |
| | SS | PB | SB | 1 | 砂岩 | 冰池边沿物料 | 米黄色 | 100×400×50 | 天然面 |
| | SS | PB | SB | 2 | 砂岩 | 冰池内镶物料 | 米黄色 | 200×200×50 | 喷沙清除面 |
| | SS | PB | NF | 1 | 砂岩 | 冰池内镶物料 | 米黄色 | 400×200×50 | 喷沙清除面 |
| | UG | MB | | 1 | 马赛克 | 冰池 | 15%深蓝＋15%浅蓝+70%中蓝 | 50×50×5 | |
| | UG | WH | | 1 | 马赛克 | 冰池特色铺砌 | 白色 | 50×50×5 | |
| | UG | BF | | 1 | 排水槽 | 冰池 | 米黄色 | 见详图 | |
| | UG | BF | | 2 | 瓷质防滑砖 | 冰池 | 米黄色 | 见详图 | |
| | UG | BF | | 3 | | 冰池 | 米黄色 | 见详图 | |
| 五 | 冰池/水池喷咀 | | | | | | | | |
| | WJ | | | 1 | PEM54 喷咀,水柱 500 mm 高 102 mm 直径 | 入口广场水池 | | | |
| | PJ | | | 1 | Jacuzzi Nozzle 按摩池喷咀 | 按摩池 | | | |
| 六 | 户外木料 | | | | | | | | |
| | WT | MW | NA | 1 | 木板 | 儿童游乐场遮棚/座椅/木浮台 木扶手 | 浅啡色 | 坐椅木板 55×50;木扶手 75×125 木浮台 木桥 100×2 000×50 | |

图 2-49　材料表三

## 习题及要求

　　(1) 施工图中各种常用比例及线型和字体的要求有哪些?

　　(2) 轴线符号、索引符号及标高符号等的画法有哪些?

　　(3) 熟悉并正确使用尺寸标注样式。

　　(4) 熟悉总平面图中的常用图例。

　　(5) 施工图包括的一般图纸内容有哪些?

　　(6) AUTOcad 中光栅图像的调入、"对齐"和描图的方法是什么?

　　(7) 总图各部分图纸的绘制内容是什么?

# 第 3 章
# 植物配置图绘制

本章内容包括:华东地区常见植物的介绍及居住区植物配置的基本原则;种植部分施工图的内容及绘制方法。

# 3.1 华东地区植物介绍

## 3.1.1 植物配置原则

植物配置是居住区环境建设中的重要一环,同时也是景观施工图绘制中重要的一部分,所以在本章一开始先就植物配置的相关知识做简要的讲解,以便在绘制有关植物部分的施工图时有所借鉴。

景观中的植物配置不仅起到保持、改善环境,满足居住功能等要求,而且还起到美化环境、满足人们游憩的要求。居住区的植物配置应该以生态园林的理论为依据,模拟自然生态环境,利用植物生理、生态指标及园林美学原理,进行植物配置,创造复层结构,保持植物群落在空间、时间上的稳定与持久。

1) 居住区绿化植物种数

创造植物景观的多样性:一是植物种数要丰富;二是乔木、灌木及花草应用量的比例要适当。一般面积10公顷以上的小区的木本植物种数能达到当地常用木本植物种数的40%以上。不同小区所用植物种数的数量与小区所在地区植物的种类的丰富程度及该小区的设计手法、小区面积的大小密切相关。

2) 植物的处理手法

(1) 空间处理。居住区除了中心绿地外,其他大部分都分布在住宅前后,其布局大都以行列式为主,形成平行、等大的绿地,狭长空间的感觉非常强烈,因此,可以充分利用植物的不同组合,打破原有的僵化空间,形成活泼、和谐的空间。根据植物的生态特性,可分为:适合于做上层栽植的植物、适合于做中层栽植的植物、适合于做下层栽植的植物等。

(2) 线形变化。由于居住区绿地内平行的直线条较多,如道路、围墙、居住建筑等,因此,植物配置时可以利用植物林缘线的曲折变化、林冠线的起伏变化等手法,使平行的直线条融进曲线。

突出林缘曲线变化的手法有:

① 在灌木边缘栽植,利用花灌木矮小、枝密叶茂的特点,进行植物密栽,使之形成一条曲折变化的曲线;

② 孤植球类栽植,在绿地边缘挑出几个孤植球,增加边缘线曲折变化。

突出林冠线起伏变化的手法有:

① 利用尖塔形植物如水杉等,构成林冠线起伏变化强烈、节奏感强的效果;

② 利用地形变化,使高低差不多的植物也有相应林冠线起伏变化,这种变化较柔和,节奏感较慢;

③ 利用不同高度,植物不同树冠构成的林冠线的起伏变化,一般节奏感适中。

（3）季相变化：居住区是居民一年四季生活、憩息的环境，植物配置应该有四季的季相变化，使之同居民春夏秋冬的生活规律同步。为此，首先应做到一个居住区内一年四季皆有景，景景又不同。其次，一个片、区或某幢建筑周围可以突出某种植物特点为主，以展现某一主体。例如以樱花为主体或是以银杏为主体，这样可以在不同的季节看到不同植物效果。由于居住区的很多植物分布在住宅前后，其布局大都以行列式为主，多为平行等大或狭长的绿地，因此，更要充分利用植物的不同组合和季相变化，打破原有的僵化空间，形成活泼、和谐的空间效果。

3）人工群落的应用

好的居住区环境绿化除了应有一定数量的植物种类外，还应有植物群落类型和组成层次的多样性作基础，特别在植物配置上应注重应用一定量的花卉来体现季相的变化。

城市绿地中植物的搭配有着丰富的类型：乔木—草本型、灌木—草本型、乔木—灌木—草本型、乔木—灌木型、藤本型等，在居住区绿化中这些类型的搭配几乎都能用到。要因地制宜根据不同绿地服务对象的需求和应达到的功能要求进行植物设计，例如棚架下采用藤本植物遮荫，活动广场采用高大乔木遮荫，以观赏为主的绿地可采用灌木—草本型或乔木—灌木—草本型搭配型。观赏结合散步游览的绿地可采用乔木—草本型的植物配置方式。防护型的绿地可采用灌木篱或复层的群落搭配。

在居住区中应用人工群落，主要用来改善人工环境。实践证明，绿地改善小气候产生可感效应的最小规模为 0.5～1 公顷。绿地中树木的数量越少，其产生的生态效益也越低。以乔木、灌木、草本组成的人工拟自然群落，由于层次丰富、绿叶面积增加，提高了单位叶面积指数，从而增强了保护和改善环境的作用。

另外，采用拟自然的生态群落式配置，利用生态位进行组合，使乔木、灌木、草本植物共生，使喜阳、耐阴、喜湿、耐旱的植物各得其所，从而充分利用阳光、空气、土地、肥力，构成一个稳定有序的植物群体。居住区内的环境，由于建筑密集和人类活动频繁，不利于植物生长，经合理配置，利用共生原理组合群落，可明显提高植物的成活率。

居住区内应尽可能开辟较大面积的绿地应用复层结构的种植模式。这种结构分上木、中木、下木或地被 3～4 个层次，对处于不同层次的植物在生态习性上有不同的要求，对于上木要求具备观赏价值高、耐阴喜阳、冠形端正、株形较为峭立、枝下较高或枝叶稀疏等条件的高大乔木。中木以植物耐阴性的强弱为选择依据，兼顾植物的观赏性和耐粗放管理性，以灌木为主。下木和地被层多为耐阴性更强的低矮小灌木和草本植物。

## 3.1.2 华东常见植物介绍

在这里列出华东地区常用植物习性总结，以便绘制植物配置图时加以借鉴。

1）常绿乔木

（1）樟树。樟科别名香樟（杭州）、乌樟（四川）、小叶樟（湖南）。树种分布于浙江、福建、江西、台湾、湖北、湖南、广东、云南等地。喜光、深根性，抗风、抗烟尘，耐寒力稍差，宜微酸性土壤。形态特征为常绿大乔木，树冠球形，叶互生，三出脉，二香气，浆果球形，11 月成熟，紫黑色。花期 4 月至 5 月，果期 8 月至 11 月，树高可达 30 米。应用寿命长，耐不良气体，城市绿化环保树种。

（2）女贞。木犀科。别名桢木、蜡树、将军树。原产中国，分布在长江流域及南方各省，华北、西北地区也有栽培，为常绿乔木。喜阳光，亦耐半阴。喜肥沃的微酸性土壤，中性，微碱性土壤亦能适应，瘠薄干旱则生长慢。花期 6 月。形态特征株高 10 m，树皮灰色，光滑。叶对生，革质，卵形或卵状椭圆形，全缘，表面深绿有光泽，背面淡绿色。圆锥花序顶生，小花密集，白色有芳香。浆果头核果，蓝黑色间有白色，果期 11 至 12 月。宜作绿篱，绿墙配植，亦可作行首树，有抗污染能力，为工厂绿化的好树种。

（3）广玉兰。木兰科，别名大花玉兰、荷花玉兰、洋玉兰。树种分布于北京市、天津市、上海市、江苏、浙江、安徽、福建、江西、山东、台湾、河南、广东、广西。广玉兰喜温暖湿润气候，要求深厚肥沃排水良好的酸性土壤。喜阳光，但幼树颇能耐荫，不耐强阳光，否则易引起树干灼伤。抗烟尘毒气的能力较强。病虫害少，生长速度中等，3 年以后生长逐渐加快，每年可生长 0.5 米以上。形态特征常绿大乔木，高可达 30 米，树冠卵状圆锥形。小枝和芽均有锈色柔毛。叶革质，长椭圆形，长 10 至 20 厘米，表面有光泽，背面有锈色柔毛，边缘微反卷。花白色，花的直径达 20 至 30 厘米，花通常 6 瓣，有时多为 9 瓣，花大如荷花，故又名荷花玉兰，芳香。花期 5 至 7 月。种子外皮红色，9 至 10 月果熟。应用庭院树、行道树广玉兰树姿雄伟壮丽，叶厚光亮，花大芳香，为城镇绿化的重要观赏树种。适合在公园或较宽广的庭院作观赏绿化树栽植。

（4）雪松。松科，别名喜马拉雅杉、喜马拉雅雪松、香柏。雪松原产印度、阿富汗、喜马拉雅山西部。雪松对气候的适应范围较广，从亚热带到寒带南部都能生长。雪松耐寒能力较强，但对湿热气候适应较差，往往生长不良。雪松为阳性树种，在幼龄阶段能耐一定的蔽荫，大树则要求较充足的光照，否则生长不良或枯萎。雪松喜深厚肥沃排水良好的土壤，也能适应瘠薄多石砾土地，但怕水，在低洼积水或地下水位过高和不透水的地方，易生长不良甚至死亡。雪松抗风力较弱，抗烟害能力较差，对二氧化硫有害气体比较敏感。形态特征树高达 70 余米，胸径 3～4 米，干形通直，材质坚致，少翘裂，有芳香，能耐久，树姿雄伟苍翠，四季常青，是优雅的观赏树种之一。应用雪松以其挺拔舒展的形态深受欢迎，加上它抗寒耐旱的特性，适宜在全国范围内栽植，庭院绿化、园林建设、道路绿化皆相宜。

（5）罗汉松。产于江苏、浙江、福建、安徽、江西、湖南、四川、云南、贵州、广西、广东等省区，在长江以南各省均有栽培。较耐荫，为半阴性树；形态特征常绿乔木，高达 20 米，胸径 60 厘米；树冠广卵工；树皮灰色，浅裂，呈薄鳞片状脱落。枝较短而横斜密生。应用树形优美，宜孤植作庭荫树，或对植、散植于厅、堂之前。罗汉松耐修剪及海岸环境，故特别适宜于海岸边植作美化及防风高篱工厂绿化等用。短叶小罗汉松因叶小枝密，作盆栽或一般绿篱用，很是美观。又据报道鹿不食其叶，故又作动物园兽舍绿化用。矮化的及斑叶的品种是作桩景、盆景的极好材料。

（6）龙柏。龙柏属，柏科。华北南部至华中均有分布。是圆柏的栽培变种。常绿乔木，高可达 8 米，树干挺直，树形呈狭圆柱形，小枝扭曲上伸，故而得名。小枝密集，叶密生，全为鳞叶，幼叶淡黄绿色，老后为翠绿色。球果蓝绿色，果面略具白粉。繁殖与栽培龙柏虽然能结籽，但不易萌芽。龙柏是一种名贵的庭园树，树冠圆筒形，宛若盘龙，形似定塔，适宜栽植在高厦广场四周,或代盆栽布置用。它对多种有害气体有吸收功能和除尘效果。

2) 落叶乔木

(1) 楝树。楝科,别名苦楝、楝枣子。产于亚洲热带及亚热带。喜光,可耐寒,喜温暖湿润,不耐旱,怕积水。形态特征为落叶乔木,幼枝绿色,有星状毛,皮孔多而明显;老枝紫褐色,奇数羽状复叶,小叶卵形或卵状披针形,边缘有粗钝锯齿。圆锥花序,花瓣淡紫色,核果近球形,成熟后橙红色。花期4至5月。应用楝树羽叶疏展,夏日开淡蓝色小花,淡雅飘逸,适作行道树和庭荫树。

(2) 合欢。含羞草科合欢属。别名绒花树、马缨花、夜合欢、蓉花树、野广木等。产于我国华东、华南、西南以及河北、河南、陕西、甘肃、台湾各省、自治区的低山丘陵及平原处,朝鲜半岛、日本、东南亚也有分布。形态特征合欢为落叶乔木,树高约9米,树冠宽展。二回奇数羽状复叶互生,小叶10~30对。头状花序呈伞房状,簇生于叶腋或枝梢,花萼及瓣黄绿色,多数粉红色花丝聚集成绒球状。花期6~7月份,荚果扁平,长约12厘米,9~10月份成熟。合欢多用作庭荫树,点缀栽培于名种绿地,或作行道树栽培。

(3) 喜树。蓝果树科。别名旱莲。为暖地速生树种。喜光,不耐严寒干燥。需土层深厚,湿润而肥沃的土壤,在干旱瘠薄地种植,生长瘦长,发育不良。深根性,萌芽率强。较耐水湿,在酸性、中性、微碱性土壤均能生长,在石灰岩风化土及冲积土生长良好。形态特征为落叶大乔木,高达25米,树冠倒卵形,主杆耸立,姿态雄伟。树皮淡褐色,光滑;枝多向平展,幼时绿色,具突起黄灰色皮孔。叶长椭圆状卵形,下面疏生短绒毛,羽状脉弧曲状,叶柄常红色。应用适用于公园、庭院作绿荫树;街坊、公路用作行道树和农田防护林等。

(4) 栾树。无患子科别名灯笼花、黑色叶树、木老芽、木栾、石栾树、山茶叶、山黄栗头。树种分布于北京市、河北、山西、辽宁、吉林、黑龙江、江苏、安徽、山东、河南、四川、陕西、甘肃等地。栾树为温带,亚热带树种。喜温暖湿润气候;喜光,亦稍耐半荫;喜生长于石灰岩土壤,也能耐盐渍性土,耐寒耐旱耐瘠薄,并能耐短期水涝。深根性,生长中速,幼时较缓,以后渐快。对风、粉尘污染、二氧化硫、臭氧均有较强的抗性,枝叶有杀菌功能。形态特征栾树为落叶乔木,树形端正,冠多伞形。枝叶繁茂秀丽,春季嫩叶红色,夏花满树金黄色,入秋蒴果似盏盏灯笼,果皮红色,绚丽悦目,在微风吹动下似铜铃哗哗作响,故又名"摇钱树"。种子可制成佛珠,故寺院中尤为常见。花期5月至8月,果期8月至10月,树高可达20米。应用栾树适应性强、季相明显,是理想的行道、庭荫等景观绿化树种。

(5) 国槐。别名家槐、豆槐。国槐长见于华北平原及黄土高原。内蒙古、甘肃、山西、山东、河南、四川、湖北、安徽、江苏、浙江、福建、台湾、广东、广西、云南等省市均有栽培。在华北、华中、陕西、湖北西部、四川东部及中部从平地上达海拔1 000米高地带均能生长。形态特征为落叶乔木,高达25米,胸径达1.5米。树冠圆形,树皮灰黑色,纵裂。幼树枝干平滑、深绿色、渐变黄绿色。奇数羽状复叶,总柄长15~25 cm,基部膨大呈马蹄形。小叶7~17枚,卵圆形、全缘,色浓绿有光泽,叶下面淡绿色。花顶生,圆锥花序,蝶形,黄白色,花期7至8月。荚果肉质,于种子之间缢缩,呈串球状。10月果熟,经冬不落,种子深棕色至黑色。国槐对二氧化硫、氯化氢及烟尘等的抗性亦较强。国槐生长速度中等。深跟性树种,根系发达。1年生苗高达1米以上,因其顶部的节间短而密,故在幼苗期要合理密植,防止树干弯曲。应用树冠大荫浓、寿命长、栽培容易、用途广泛。

（6）垂柳。杨柳科。别名垂丝柳、垂杨柳、倒垂柳、倒栽柳、柳树、清明柳、水柳、弱柳。垂柳为杨柳科柳属的落叶乔木，全国各省均有栽培，主要分布于长江流域及其以南各省平原地区，山东、河北也多栽培。垂柳喜光，也耐阴；喜温暖湿润气候和肥沃、深厚的土壤；耐碱、耐寒、耐水湿。适应能力强，在河边、湖岸、堤坝生长最快，在地势高燥地方也能生长，萌芽力强。应用垂柳枝条细长，柔软下垂，随风飘舞，姿态优美潇洒，植于河岸及湖池边最为理想，亦可作为行道树、庭院树及平原造林树种。此外，垂柳对有害气体抵抗力强，并能吸收二氧化硫，故也可用于工厂绿化。

（7）白玉兰。全国各地均有栽培。白玉兰是落叶乔木，高达25米。树冠幼时狭卵形，成熟大树则呈宽卵形或松散广卵形。幼时树皮灰白色，平滑少裂，老时则呈深灰色，粗糙开裂。小枝灰褐色。顶芽与花梗密被灰黄色长娟毛，毛茸茸如幼鼠蛰伏，冬态更显。分枝习性随树龄幼长有别，幼时单芽延伸，故主干明显，树冠规整，而见花后，叶枝混合芽在果穗后双权或多枝延伸，横向发展盛于直于生长，故树冠往广卵形方向发展。叶片互生有时呈螺旋状，宽倒卵形至倒卵形，长10～18厘米，宽6～12厘米，先端圆宽，平截或微凹，具短突尖，故又称凸头玉兰；中部以下渐狭楔形，全缘。应用庭植，片植，行道树，污染较轻地区绿化树种。

（8）银杏。银杏科。别名公孙树、白果、白果树、佛指甲。为阳性树，喜适当湿润而又排水良好的深厚砂质壤土，以中性或微酸性土最适宜；不耐积水之地，较耐旱，但在过于干燥处及多石山坡或低湿之地生长不良。耐寒性颇强，能适应高温多雨气候。对风土之适应性很强，在华北、华中、华东及西南海拔1 000米以下（云南地区约1 500～2 000米）地区均生长良好。为深根性树种，寿命极长，可达千年以上。银杏发育较慢。形态特征落叶大乔木，高达40厘米，干直径达3米以上；应用银杏树姿雄伟壮丽，叶形秀美，寿命既长，又少病虫害，最适宜作庭荫树、行道树或独赏树。

（9）鹅掌楸。别名马褂木、鸭掌树。星散分布于中国长江流域以南的亚热带中、低山地。形态特征为落叶大乔木，高可达40米，胸径1米以上，主杆通直树姿端正，叶形似马褂，4至5月开杯状黄色花，具清香、耐寒。移植在落叶后或早春萌芽前进行。应用因冠形端正，叶形奇特，花如金盏，古雅别致。鹅掌楸是世界珍有树种之一，是优良的庭萌和林萌道树种，木材结构细、不变形、叶和树皮供药用为国家二级保护树种。

3）常绿灌木及小乔木

（1）杜鹃花。杜鹃花科。别名映山红、山石榴、山鹃、杜鹃花属约有900种，亚洲约产850种。其中，中国约有530种，除新疆外南北各省区均有分布。杜鹃花种类多，差异很大，有常绿大乔木、小乔木，常绿灌木和落叶灌木。习性差异也很大，但多数种产于高海拔地区，喜凉爽、湿润气候，忌酷热干燥。杜鹃花对光有一定要求，但不耐暴晒，夏、秋季庆有林木或荫棚遮挡烈日。一般于春、秋二季抽梢，以春梢为主。最适宜的生长湿度为15～22℃。气温超过30℃则生长趋于停滞。冬季有短暂休眠期。杜鹃花属种类繁多，形态各异。由大乔木（高可达20米以上）至小灌木（高仅10厘米～20厘米），主干直立或呈匍匐状，枝条互生或轮生。园林中最宜在林缘、溪边、池畔及岩石旁成丛成片栽植，也可于疏林下散植。杜鹃也是花篱的良好材料，毛鹃还可经修剪培育成各种形态。杜鹃专类园极具特色。

(2) 火棘。蔷薇科。别名红籽、火把果、救军粮。中国华东、华中及西南地区,为常绿灌木。喜光,抗旱耐瘠,山坡、路边、灌丛、田埂均有生长。喜湿润、疏松、肥沃的壤土。花期4至5月。株高约3米,侧枝短,先端成尖刺。叶多为倒卵状长圆形,缘具圆钝齿。复伞房花序,花小、白色,梨果近球形,橘红或深红色。应用火棘枝叶繁茂,春季白花朵朵,入秋红果满枝,经久不落,是良好的庭园植物。可用作绿篱及盆景材料,也可植于草地及林缘。

(3) 十大功劳。小檗科。别名猫儿刺。产中国四川、西藏、湖北和浙江等省区,为常绿灌木。喜温暖湿润气候,较耐寒,也耐阴。对土壤要求不严,但在湿润、排水良好、肥沃的砂质壤土生长最好,花期8至10月。株高2米。奇数羽状复叶,狭披针形,边缘具针状锯齿,秋后叶色转红,艳丽悦目。总状花序腋生。花黄色。应用十大功劳枝叶苍劲,黄花成簇,是庭院花境,花篱的好材料。也可丛植、孤植或盆栽观赏。

(4) 南天竹。小檗科。别名天竺、兰竹。产中国长江流域及陕西、广西等省区,日本、印度也有。为常绿灌木。多生于湿润的沟谷旁、疏林下或灌丛中,为钙质土壤指示植物。喜温暖多湿及通风良好的半阴环境。较耐寒。能耐微碱性土壤。花期5~7月。形态特征株高约2米。直立,少分枝。老茎浅褐色,幼枝红色。叶对生,2~3回太复叶,小叶椭圆状披针形。圆锥花序顶生;花小、白色;浆果球形,鲜红色,宿存至翌年2月。红果累累,圆润光洁,是常用的观叶、观果植物,无论地栽、盆栽还是制作盆景,都具有很高的观赏价值。

(5) 胡颓子。胡颓子科。别名羊奶子、蒲颓子、半春子。主要分布在中国长江流域以南各省。喜光、马耐阴。对土壤要求不严,在湿润、肥沃、排水良好的土壤中生长良好。具有一定的耐寒和耐旱能力。为常绿灌木,枝开展,常有刺,小枝褐色。叶椭圆形至矩圆形,边缘波关。花银白色,具芳香,1~3朵腋生。果实熟后红色。应用胡颓子枝条交错,叶背银色,花芳香,红果下垂,甚是可爱。宜配花丛或林缘,还可作为绿篱种植。

(6) 桂花。木犀科。别名木犀、九里香、岩桂。产中国西南部、四川、云南、广西、广东和湖北等省区均有野生,印度、尼泊尔、柬埔寨也有分布。为常绿灌木或小乔木,喜光,但在幼苗期要求有一定的庇荫。喜温暖和通风良好的环境,不耐寒。适生于土层深厚、排水良好,富含腐殖质的偏酸性砂质壤土,忌碱性土和积水。通常可连续开花两次,前后相隔15天左右。花期9至10月。为株高约15米,树皮粗糙,灰褐色或灰白色。叶对生,椭圆形、卵形至披针形,全缘或上半部疏生细锯齿。应用庭植,花镜花篱,抗污染绿化树种。

(7) 小叶女贞。木犀科。别名棟青、小白蜡树。原产于我国和日本。为落叶或半常绿灌木。单叶对生,叶薄革质,常椭圆形,端锐尖或钝,基部圆形或阔楔形,圆锥花序,花梗明显,裂片镊合状排列,花冠筒比花冠裂片短,花色白色。喜光,稍耐荫,喜温暖湿润,适于微碱性土壤,对大气污染抗性强。应用可作绿篱及庭院绿化树种。变种有金叶女贞,叶色金黄,绿化工程中常用其作色块。

(8) 大叶黄杨。卫矛科卫矛属。别名冬青卫矛、正木。原产于我国中部、北部及日本,现各省均有栽培。为常绿直立灌木或小乔木,高5~6米,小枝绿色,略为四棱形。单叶对生,叶椭圆形或倒卵形,长3~6厘米,边缘有钝齿,表面深绿色,有光泽,质厚。应用叶色浓绿有光泽,生长繁茂,四季常青,且有各种花叶变种,抗污染性强,园林绿化常用作绿篱,也可修剪成球。在园林中应用最多的是规模性修剪成型,配植有绿篱,栽于花坛中心或对植、盆栽等。

（9）小叶黄杨。黄杨科别名。树种分布于北京市、天津市、河北、山西、山东、河南、甘肃等地。阳性树，久经栽培，喜温暖湿润的海洋性气候，对土壤要求不严，以中性而肥沃壤土生长最速。适应性强，耐干旱瘠薄。极耐修剪整形。为花期3月至4月、果期8至9月。树高可达2米。移植宜在3至4月进行。小苗可裸根，大苗需带泥球，害旱虫有黄杨尺蠖、黄杨斑蛾等，要注意防治。应用庭植、绿篱。

4）落叶灌木及小乔木

（1）月季。蔷薇科。别名月季花、月月红、胜春、长春花。蔷薇属植物原产北半球，几乎遍及亚、欧两大洲，中国是月季的原产地之一。月季为有刺灌木，或呈蔓状与攀援状。喜日照充足，空气流通，排水良好而避风的环境。一般品种可耐至15℃低温。有连续开花的特性。为月季为常绿或半常绿灌木，具钩状皮刺。应用月季可种于花坛、花境、草坪角隅等处，也可布置成月季园。藤本月季用于花架、花墙、花篱、花门等。月季可盆栽观赏，又是重要切花材料。

（2）桃花。蔷薇科。别名花桃、碧桃、观赏桃。桃花原产中国，分布在西北、华北、华东、西南等地。为落叶小乔木。喜光，要求较高的湿度，具有一定的耐寒力。喜排水良好，富含腐殖质的中性土壤，耐旱怕涝，忌积水洼地栽培。花期3至4月。为株高约8米，小枝褐色，光滑，芽并生，中间为叶芽，两旁为花芽。桃花与柳树配植，最为有名，可形成桃红柳绿的景观。桃花还宜作盆栽和桩景。常见栽培的有红碧桃（P. pubro 至 plena）、白碧桃、垂枝桃（P. pendula）和山桃（P. davidiana）。

（3）梅花。蔷薇科。别名春梅、干枝梅。梅花原产于中国，野梅首先演化成果梅，观赏梅是果梅的一个分支。梅在年降雨量1 000毫米或稍多地区可生长良好。对土壤要求不严，较耐瘠薄。阳性树种，喜阳光充足，通风良好。为长寿树种。长江流域花期12月至翌年3月。为干呈褐紫色，多纵驳纹。可孤植、丛植、群植等；也可在屋前、坡上、石际、路边自然配植。若用常绿乔木或深色建筑作背景，更可衬托出梅花玉洁冰溥清之美。

（4）迎春。木犀科。别名迎春花、金腰带、金梅。产中国山东、陕西、甘肃、四川、云南及西藏等省区，为落叶灌木。喜光，也稍耐阴。喜温暖湿润气候，也耐寒，耐空气干燥。对土壤要求不严，在微酸性土、轻盐碱土上均能生长，但在肥沃、湿润、排水良好的中性土壤中生长最好，较耐干旱瘠薄，不耐涝。花期2至4月。为株高0.3～5米，枝细长，拱曲弯垂，幼枝绿色，四棱形，叶对生，三出复叶，小叶卵形至椭圆形。花单生，先叶开放，有清香，花冠黄色，高脚碟状，径2～2.5厘米。园林中宜配置于湖边、溪畔、桥头、墙隅、草坪、林缘、坡地等处，也可作开花地被，亦是盆栽和制作盆景的好材料。

（5）连翘。木犀科。别名黄绶带、黄寿丹、黄金条。产中国北部和中部，朝鲜半岛也有分布。为落叶灌木。喜光，耐寒，耐干旱瘠薄，怕涝，适生于深厚肥沃的钙质土壤中。花期3至4月，先花后叶。为株高约3米，枝干丛生，小枝黄色，拱形下垂，中空。叶对生，单叶或3小叶，卵形或卵状椭圆形，缘具齿。花冠黄色，1～3朵生于叶腋。应用连翘为北方早春的主要观花灌木，黄花满枝，明亮艳丽。若与榆叶梅或紫荆共同组景，或以常绿树作背景，效果更佳。也适于角隅、路缘、山石旁孤植或丛植。果实为重要药材。

(6) 樱花。蔷薇科。别名楔、山樱桃、荆桃。樱花产北半球温带,以中国西南山区各类最为丰富,栽培的樱花以日本樱花最为著名。多为落叶灌木。对气候,土壤适应范围较宽。喜光、耐寒、抗旱,在排水良好的土壤上生长良好。花期4月。为树冠卵圆形至圆形,单叶互生,具腺状锯齿,花单生枝顶或3～6簇生呈伞形或伞房状花序,与叶同时生出或先叶后花,萼筒钟状或筒状,栽培品种多为重瓣;果红色或黑色,5至6月成熟。应用樱花为重要的观花树种,可大片栽植造成"花海"景观。三五成丛点缀于绿地形成锦团,也可孤植形成"万绿丛中一点红"之画意。樱花还可作行道树、绿篱或制作盆景。

(7) 紫叶李。蔷薇科。别名红叶李。原产亚洲西南部,为落叶小乔木。喜光,喜温暖。对土壤要求不严,但在肥沃、深厚而排水良好的中性或酸性土壤中生长良好。花期4至5月。为株高约8米。植株各部均呈暗紫红色。叶卵形至倒卵形。花单生叶腋,单瓣,水红色。在园林中与常绿树植,则绿树红叶相映成趣。

(8) 丁香。木犀科丁香属别名。原产于我国东北、华北地区。丁香花既喜阳,又稍耐荫,也较耐寒。对土壤的酸碱度要求不严,但以在排水良好、肥沃而湿润的砂壤土中生长良好。丁香忌水涝,栽于低洼积水处,往往烂根或者死亡。应用为丁香在中国已有1 000多年的栽培历史,是中国的名贵花卉。春季盛开时硕大而艳丽的花序布满全株,芳香四溢,观赏效果甚佳。现已成为庭园中著名的花木。

(9) 海棠。蔷薇科。别名梨花海棠。原产中国,分布在河北、陕西、浙江、云南及四川等省。为落叶小乔木。喜阳,对寒冷及干旱适应性强,但不耐水涝,喜深厚、肥沃及疏松土壤,对盐碱土有一定抵抗力。也适沙滩地栽培。应用在地势较高、背风向阳处,均能栽植海棠。可孤植、丛植、行植及群植,美化园林、绿地、街道、厂矿、庭院及风景区。

(10) 西府海棠。蔷薇科。别名小果海棠。产中国辽宁、河北、山西等省。为小乔木。喜阳光,不耐阴,对严寒有较强的适应性。耐干旱,喜土层深厚、肥沃微酸性至中性土壤。为树态峭立,幼枝被柔毛。叶片长椭圆形,边缘有小锯齿。伞形总状花序,具花4至7朵,生于小枝顶端,花淡红色。栽培须适当灌溉、施肥,并注意整形修剪。应用多植于庭院,也适于盆栽观赏。

(11) 垂丝海棠。蔷薇科。别名。产于中国,西南各省尚有野生,为落叶灌木或小乔木。为树冠较扩散,枝开展,紫色,叶卵形或长圆状卵形,花红色,具细柄,下垂,果实卵圆形,紫色。应用垂丝海棠花朵下垂,别具风韵。暖地庭院栽培,寒地多盆栽观赏。

(12) 贴梗海棠。蔷薇科。别名铁脚海棠、木瓜。原产中国陕西、甘肃、河南、山东、安徽等省;缅甸也有分布,为落叶灌木。适生于深厚肥沃、排水良好的酸性、中性土,耐旱、忌湿、耐修剪,萌生根蘖能力强。花期2至4月。为株高约2米,枝直立或平展,有刺。叶卵形或椭圆形,托叶大而明显。花米红色,先叶而开或与叶同放。应用贴梗海棠花色艳丽,是重要的观花灌木,适于庭院墙隅、路边、池畔种植,也可盆栽观赏。

(13) 榆叶梅。蔷薇科李属别名小桃红、榆梅、鸾枝。原产于我国东北、西北、华北地区,南至江苏、浙江等省,俄罗斯、中亚也有分布。为榆叶梅为落叶灌木或乔木,高2～5米。枝紫褐色,粗糙。单叶互生,叶宽椭圆形至倒卵圆形,长3～6厘米,边缘有不等重锯齿,先端渐尖,常3裂。花先叶开放,1～2朵生于叶腋,花径2～3厘米,单瓣至重瓣,粉红色或白色。核果近球形,直径 1~1.8 厘米,红色,有毛。花期 4 月份,果熟期 8 月份。应用是我国广大北方地区普遍栽培的早春观花树种。宜在各类园林绿地、路边、墙角、池畔、宅旁种植、孤植、丛植或列植为花篱均美,若与柳树搭配栽植或以常绿树种为背景栽植,则更显花色明丽突出,春色满园。也适宜作切花或盆栽美化室内环境。

(14) 紫薇。千屈菜科。别名百日红、满堂红、痒痒树。原产亚洲至大洋洲。中国为主要分布中心和栽培中心,广布于长江流域各省区。为落叶乔木,喜温暖气候,耐热,有一定的抗寒性,喜中性偏酸土壤。抗污染能力较强。夏、秋季开花,花期长达 130 余天。为株高约 10 厘米。树皮呈长薄片状剥落,皮落后树干光滑,小枝略呈四棱形,常有狭翅。应用炎夏群花凋谢,独紫薇繁花竞放。花色艳丽,花期长久。紫薇可在各类园林绿地中种植。也可用于街道绿化和盆栽观赏。

(15) 小檗。小檗科。产于日本,为落叶灌木,适应性较强,喜光,也稍耐阴。紫叶、金叶者须栽于阳光充足处。喜温暖湿润环境,也耐旱,耐寒。对土壤要求不严,但以肥沃而排水良好的砂质壤土生长最好。花期 4 至 5 月。为株高约 2.5 米,多分枝。适于园林中孤植、丛植或栽作绿篱。

(16) 红瑞木。山茱萸科梾木属。别名凉子木。原产于我国东北、华北、西北、华东等地,朝鲜半岛及俄罗斯也有分布。为红瑞木为落叶灌木,高达 3 米。枝条暗红色,小枝鲜红色,常被蜡状白粉。单叶对生,椭圆形。顶生伞房状聚伞花序,宽 3~5 厘米,4 瓣片,白色至淡黄白色,雄蕊伸出。应用白花、绿叶、红枝,特别是秋叶变红、入冬枝干鲜红,使之成为颇受喜爱却较为少见的观花、观茎树种。浓密的红枝在银装素裹的冬日分外醒目。与绿枝棣棠、金枝瑞木配植,形成五彩的观茎效果。

(17) 紫玉兰。木兰科别名杜春花、木笔、木单、木莲花、木兰、望春花、辛夷。广泛分布于陕、甘、豫、鄂、赣、闽诸省。喜光,幼时稍耐蔽荫,不耐严寒,以气候温暖、湿润和肥沃土壤或砂质壤土中最适生长,肉质根,怕积水。是我国有名的观赏树种,栽培历史已达千年以上。为落叶灌木或小乔木,树高 4 米,树皮灰色,枝有明显皮孔。单叶互生,椭圆形或椭圆状倒卵形,先端急尖或渐尖,基部下延形,长 10~18 厘米,表面深绿,背面灰绿,叶柄长 1~2 厘米。园林中孤植、丛栽都适,如有同花期的绣球花、笑靥花、雪铃花等白色花木作背景陪衬,则色形更是鲜丽夺目;在池畔、阶前、栏旁或自然形花台、花径中配置,都无不适。

(18) 紫荆。别名花苏方、紫荆木、紫珠、裸枝树、满条红、苏方木、乌桑。原产我国湖北西部。适应能力很强,性喜光,耐寒耐旱,也耐水渍。为落叶灌木或小乔木。树皮幼时暗灰色而光滑,老时片状而粗糙。叶近圆形,先端尖,基部心脏形,叶脉掌状五出,叶柄红褐色。花 4~10 朵簇生于老枝上,花冠蝶形,呈紫红色,花期 3~4 月先叶开放。其品种主要有丛生紫荆(灌木)、垂丝紫荆和总状花序紫荆(乔木);还有开纯白色花的变种。应用紫荆是常见的园林花木,于早春先花后叶,满枝紫红艳丽,历来被广泛地栽植于庭院和园林中,与常绿树相映,更显其美。

(19) 木槿。锦葵科。别名朱槿、赤槿。原产我国,以长江流域各省最多。性喜阳光,耐半荫,宜作庭院篱障花卉;适应性强,抗烟尘和有害气体能力强,适用于城市绿化。为落叶灌木或小乔木,高 2~5 米。小枝灰褐色,幼时密被绒毛。叶卵形或菱状卵形,先端通常三裂,有明显的三主脉，叶缘有圆钝或尖锐锯齿。花单生于叶腋，钟状，单瓣或重瓣，有白、红、紫等色，花期6至9月。应用庭植、绿篱和污染区绿化树种。

## 3.2　种植施工图的绘制

### 3.2.1　种植施工图制图方法

#### 3.2.1.1　现状植物的表示

植物种植范围内往往有一些现状植物，从保护环境的角度出发，应尽量保留原有植物，特别是古树古木、大树及具有观赏价值的草本、灌木等。设计时应结合植物现状条件，尽量保留原有的乔灌木，避免乱砍滥伐，破坏环境。在施工图中，可以用乔木图例内加竖细线的方法区分原有树木与设计树木（见图3-1），再在说明中注释其区别。

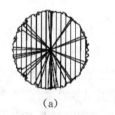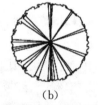

（a）　　　　　　　　　（b）

图3-1　原有植物与设计树木图例说明

（a）用竖向细填充线方法表示现状植物　（b）设计种植的植物图例符号

#### 3.2.1.2　总图与分图、详图问题

设计范围的面积有大有小，技术要求有简有繁，如果一概都只画一张平面图很难表达清楚设计思想与技术要求，制图时应分别对待处理，对于较大的项目可采用总平面图（表达园与园之间的关系，总的苗木统计表）——各平面分图（表达在一个图中各地块的边界关系，该园的苗木统计表）——各地块平面分图（表达地块内的详细植物种植设计，该地块的苗木统计表），——重要位置的详图，四级图纸层次来进行图纸文件的组织与制作，使设计文件能满足施工、招投标和工程预结算的要求。

对于景观要求细致的种植局部，施工图应有表达植物高低关系、植物造型形式的立面图、剖面图、参考图或文字说明与标注。

#### 3.2.1.3　数字和文字标注

从制图和方便标注角度出发，植物种植形式除上面提到的分为上木表和下木表外，还可分为点状种植、片状种植和草皮种植三种类型，可用不同的方法进行标注。

1）点状种植

点状种植有规则式与自由式种植两种。对于规则式的点状种植（如行道树，阵列式种植等）可用尺寸标注出株行距、始末树种植点与参照物的距离。而对于自由式的点状种植（如孤植树），可用坐标标注清楚种植点的位置或采用三角形标注法进行标注（见图3-2）。

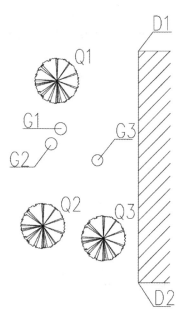

现状中有D1和D2两个参考点，设计有Q1、Q2、Q3
等乔木和G1、G2、G3等灌木，列出定点放线表：
LQ1D1=(Q1点的乔木距D1点之距离)
LQ1D2=(Q1点的乔木距D2点之距离)
LG1D1=(G1点的灌木距D1点之距离)
……

图 3-2   点状种植施工图

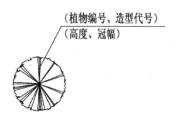

图 3-3   点状种植植物的标注方法

点状种植植物往往对植物的造型形状、规格的要求较严格，应在施工图中表达清楚，除利用立面图、剖面图表示以外，可用文字来加以标注(见图 3-3)，与苗木表相结合，用 DQ、DG 加阿拉伯数字分别表示点状种植的乔木、灌木(DQ1、DQ2、DQ3、…DG1、DG2、DG3…)。

植物的种植修剪和造型代号可用罗马数字：Ⅰ、Ⅱ、Ⅲ、Ⅳ、Ⅴ、Ⅵ…，分别代表自然生长形、圆球形、圆柱形、圆锥形等。

2) 片状种植

片状种植是指在特定的边缘界线范围内成片种植乔木、灌木和草本植物(除草皮外)的种植形式。对这种种植形式，施工图应绘出清晰的种植范围边界线，标明植物名称、规格、密度等。

对于边缘线呈规则的几何形状的片状种植，可用尺寸标注方法标注，为施工放线提供依据，而对边缘线呈不规则的自由线的片状种植，应绘方格网放线图，文字标注方法如图 3-4 所示，与苗木表相结合，用 PQ、PG 加阿拉伯数字分别表示片状种植的乔木、灌木。

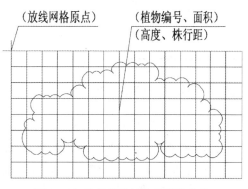

图 3-4   片状种植植物的标注方法

3)草皮种植

草皮是在上述两种种植形式的种植范围以外的绿化种植区域种植,图例是用打点的方法表示,标注应标明其草坪名、规格及种植面积。

3.2.1.4　苗木表的内容与格式

苗木表主要作用是:

(1)配合图面的植物编号标注,标明植物名称。

(2)写出植物的拉丁学名,避免由于同名异物而造成的误解。

(3)规定种植施工所采用的苗木规格、造型要求、种植面积、密度和数量等。内容及格式如表3-1所示。

表3-1　苗木表表示方法

| 序号 | 点状种植苗木 | | | | | | | | |
|---|---|---|---|---|---|---|---|---|---|
| | 编号 | 植物名称 | 学名 | 规格 | | | 造型形式 | 数量/株 | 备注 |
| | | | | 胸径/cm | 树高/m | 冠幅/m×m | | | |
| 1 | DQ1 | | | | | | | | |
| 2 | DG2 | | | | | | | | |

| 序号 | 片状种植苗木 | | | | | | | | |
|---|---|---|---|---|---|---|---|---|---|
| | 编号 | 植物名称 | 学名 | 规格 | | | 面积/m² | 密度/株·m⁻² | 数量/株 | 备注 |
| | | | | 胸径/cm或出圃容器类型 | 树高/m | 冠幅/m×m | | | | |
| 3 | PQ1 | | | | | | | | | |
| 4 | PG2 | | | | | | | | | |

| 序号 | 草皮 | | | | | | |
|---|---|---|---|---|---|---|---|
| | 编号 | 植物名称 | 学名 | 种植形式 | 出圃规格 | 面积/m² | 备注 |
| 5 | C1 | | | | | | |
| 6 | C2 | | | | | | |

## 3.2.2　施工图种植说明

种植绿化图要根据中国城市园林植物区划来配置适宜当地气候、温度、湿度的植物,包括上木植物图、下木植物图及苗木表。在绘制过程中,要注意的是:

(1)植物的规格。图中为冠幅,根据说明确定。

(2)借助网格定出种植点位置。

(3)写清植物数量。

(4)对于景观要求细致的种植局部,施工图应有表达植物高低关系、植物造型形式的立面图、剖面图、参考图或通过文字说明与标注。

（5）对于种植层次较为复杂的区域应该绘制分层种植图，即分别绘制上层乔木的种植施工图和中下层灌木地被等的种植施工图。一些较大规模的项目当中，一般应分出上木明细表和下木明细表，如表 3-2、图 3-3 所示。需要注意的是，苗木表和材料表等需要根据后面的分区图纸进行计算和核对，以确定最终的种类和数量。

以下即为本书施工图案例中施工图种植部分的文字说明：

（1）植栽设计表述了植栽的特性、结构、尺寸以及规格数量等方面的设计意图。植栽材料表可以作为将要使用的植物种类的一个参考。植物种类的最后选定应建立在景观设计师及业主代表的视觉基础上。

规格说明中"胸径"指离地表 1.2 m 处乔木树干直径；"干径"指大灌木分枝点处树干直径。

（2）表格中植物数量仅供承包商计量参考，根据图纸统计植物材料实际数量是承包商的责任。

（3）小灌木、地被及水生植物的实际数量应依据植物规格、间距及图纸上的种植面积计算。

（4）承包商应在回标前提供植物材料图片，或安排设计方及业主代表至苗圃检查所有植物材料以供挑选和确认。

（5）工程中使用的植物材料承建商需在种植前 90 日，提供样本照片及安排设计方和业主代表至苗圃作最终检查及排序，材料方可运送到项目工地种植。

（6）植物材料的种类。

（7）植物材料的规格、形状及结构。

（8）植物材料健康状况及外观。

（9）同一种类及规格大数量的植物不得大于或小于植物表中标准规格超过 5%。

（10）所有植物材料应健康并具有良好外观。设计方及业主代表应根据以下规定进行检查：

① 无病虫害，树干结构、树皮及枝叶无断裂破损；

② 未受肥害、药害；

③ 无老化症状；

④ 挖取后不应搁置过久，防止根部干涸、叶芽枯萎或掉落；

⑤ 根系不受损；

⑥ 植物材料应具有良好生长势。

（11）所有植物材料需经承包商检查并确认无病虫害。承包商在一年工程保证期内负有满足所有植物材料生长需要维护其优良品质的责任。

（12）承包商在进行植物材料种植时应先依据设计图纸要求进行放样，经设计方及业主代表确认无误后方可进行种植施工。

（13）如果现场条件、景观用地的尺寸以及图纸之间有矛盾，景观承包商应与景观建筑师和业主代表联系来解决。如果未告知景观建筑师和业主代表这些问题，景观承包商有重新种植的责任。

表 3 - 2 乔木表

| Code 代号 | Botanical Name 植物名称 | | Height (m) 高度 (m) | Spread (m) 冠径 (m) | Caliber (mm) 胸径 (mm) | Remarks 备注 | Quantity 数量 |
|---|---|---|---|---|---|---|---|
| | Lotin Name 拉丁名 | Chinese Name 中文名 | | | | | |
| TREE 树类 | | | | | | | |
| ACA. MAN. | *Acacia mangium* | 马占相思 | 4 | 2 | 80 | | 32 |
| ALS. SCH. | *Alstohia scholaris* | 糖膠树 / 黑板木 | 4 | 2 | 120 | 树冠高度相同 | 40 |
| ART. ALT. | *Artocarpus altilis* | 面包树 | 4 | 1.5 | 80 | | 19 |
| CAL. VIM. | *Callistemon viminalis* | 串钱柳 | 4 | 1.5 | 80 | | 20 |
| CAS. FIS. | *Cassia fistula* | 猪肠豆 | 4 | 2 | 120 | | 16 |
| CAS. SUR. | *Cassia surattensis* | 黄槐 | 4 | 2 | 80 | | 35 |
| CIN. BUR. | *Cinnamomum burmanni* | 阴香 | 5 | 2 | 150 | 树冠高度相同 | 114 |
| CRA. REL. | *Crataeva religiosa* | 鱼木 | 5 | 2.5 | 150 | | 14 |
| DEL. REG. | *Delonix regia* | 凤凰木 | 5 | 2.5 | 150 | 树冠高度相同 | 29 |
| ERY. VAR. | *Erythrina varicgata* | 花叶刺桐 | 6 | 2.5 | 150 | | 29 |
| EUC. CAL. | *Eucalyptus calophylla* | 美叶桉 | 6 | 2 | 80 | | 9 |
| EUC. CIT. | *Eucalyptus citriodora* | 柠檬桉 | 6 | 2 | 80 | | 151 |
| FIC. ALT. "1" | *Ficus altissima* | 高山榕 | 6 | 3 | 200 | 树冠高度及形状相同 | 21. |
| FIC. ALT. "2" | *Ficus altissima* | 高山榕 | 4 | 2 | 120 | 树冠高度及形状相同 | 17 |
| FIC. BEN. | *Ficus benjamina* | 垂榕 | 6 | 3 | 200 | | 36 |
| FIC. MIC. | *Ficus microcarpa* | 细叶榕 | 6 | 3 | 200 | | 7 |
| GRE. ROB. | *Grevillea robusta* | 银桦 | 4 | 1.5 | 80 | | 52 |
| HIB. TIL. | *Hibiscus tiliaceus* | 黄槿 | 4 | 2 | 80 | | 69 |
| JUN. CHI. | *Juniperus chinensis* | 龙柏 | 4 | 2 | 120 | | 40 |

（续表）

| Code 代号 | Botanical Name 植物名称 | | Height (m) 高度 (m) | Spread (m) 冠径 (m) | Caliber (mm) 胸径 (mm) | Remarks 备注 | Quantity 数量 |
|---|---|---|---|---|---|---|---|
| | Lotin Name 拉丁名 | Chinese Name 中文名 | | | | | |
| KIG. PIN. | Kigelia pinnata | 吊瓜 | 4 | 1.5 | 80 | | 5 |
| LAG. SPE. | Lagerstrocmia speciosa | 大叶紫薇 | 4 | 1.5 | 80 | | 37 |
| LIQ. FOR. | Liquidambar formosana | 枫香 | 4 | 1.5 | 80 | | 15 |
| MAN. IND. | Mangifera indica | 芒果 | 4 | 1.5 | 80 | | 21 |
| MEL. LEU. "1" | Melaleuca leucadendron | 白千层 | 6 | 2.5 | 150 | 树冠高度及形状相同 | 96 |
| MEL. LEU. "2" | Melaleuca leucadendron | 白千层 | 4 | 1.5 | 80 | 树冠高度及形状相同 | 104 |
| PEL. PTE. | Peltophorum pterocarpum | 双翼豆 | 5 | 2.5 | 150 | | 22 |
| PLU. RUB. | Plumeria rubra | 红鸡旦花 | 4 | 2.5 | 80 | | 84 |
| SAL. BAB. | Salix babylonica | 垂柳 | 4 | 2 | 80 | | 9 |
| STE. LAN. | Sterculia lanceolata | 假苹婆 | 4 | 2.5 | 120 | | 7 |
| SWI. MAH. | Swietenia mahagoni | 桃花心木 | 5 | 2.5 | 150 | | 24 |
| SYZ. CUM. | Syzygium cumini | 海南蒲桃 | 4 | 2.5 | 120 | | 26 |
| TER. CAT. | Terminalia catappa | 榄仁树 | 4 | 2 | 120 | | 7 |
| PALM 棕榈类 | | | | | | | |
| ARC. ALE. | Archontophoenix alexandrae | 假槟榔 | 3~5 | — | — | | 5 |
| RAV. MAD. | Ravenala madagascariensis | 旅人蕉 | 2.5~4 | — | — | | 49 |
| ROY. REG. | Roystonea regia | 王棕 | 5 | — | — | | 6 |
| WAS. ROB. | Washingtonia robusta | 华盛顿葵 | 2.5~4 | — | — | | 17 |

表 3 - 3　灌木地被表

| Code 代号 | Botanical Name 植物名称 | | Height (mm) 高度 (mm) | Spread (mm) 冠径 (mm) | Spacing (mm) 株距 (mm) | Remarks 备注 | Quantity 数量 |
| --- | --- | --- | --- | --- | --- | --- | --- |
| | Latin Name 拉丁名 | Chinese Name 中文名称 | | | | | |
| SHRUB 灌木类 | | | | | | | |
| All. cat. | *Allamanda cathartica* | 软枝黄蝉 | 600 | 400 | 300 | | 3 199 |
| Alp. zer. | *Alpinia zerumbet* | 姜花 | 500 | 400 | 300 | | 1 108 |
| Cae. pul. | *Caesalpinia pulcherrima* | 洋金凤 | 750 | 400 | 300 | | 926 |
| Cal. hae. | *Calliandra haematocephala* | 红绒球 | 600 | 500 | 400 | | 2 143 |
| Cam. jap. | *Camellia japonica* | 茶花 | 600 | 400 | 300 | | 2 198 |
| Cam. sas. | *Camellia sasanqua* | 茶梅 | 600 | 400 | 300 | | 3 634 |
| Can. ind. | *Canna indica* | 美人蕉 | 300 | 300 | 300 | | 378 |
| Cor. ter. | *Cordyline terminalis* | 红铁树 | 400 | 300 | 300 | | 398 |
| Cri. asi. | *Crinum asiaticum* | 文殊兰 | 400 | 300 | 300 | | 6 368 |
| Dur. rep. 'gol' | *Duranta repens* 'golden' | 金连翘 | 300 | 200 | 200 | | 14 264 |
| Exc. coc. | *Excoecaria cochinchinensis* | 红背桂花 | 600 | 400 | 400 | | 2 202 |
| Gar. jas. | *Gardenia jasminoides* | 白蝉 | 600 | 400 | 300 | | 4 899 |
| Ham. pat. | *Hamelia patens* | 希美利 | 500 | 450 | 300 | | 7 996 |
| Hel. car. 'pur' | *Heliconia caribaea* 'purpurea' | 艳火赫蕉 | 500 | 400 | 300 | | 451 |
| Hib. ros. | *Hibiscus rosa-sinensis* | 大红花 | 500 | 400 | 400 | | 2 814 |
| Hyd. mac. | *Hydrangea macrophylla* | 绣球 | 600 | 500 | 400 | | 454 |
| Ixo. 'sun' | *Ixora* 'sunkist' | 新奇士龙船花 | 300 | 300 | 300 | | 7 591 |
| Ixo. coc. | *Ixora coccinea* | 橙红龙船花 | 500 | 400 | 300 | | 3 805 |
| Jat. pan. | *Jatropha pandurifolia* | 南洋樱花 | 750 | 500 | 400 | | 296 |
| Lag. ind. | *Lagerstroemia indica* | 紫薇 | 800 | 500 | 400 | | 297 |
| Lor. chi. 'rub' | *Loropetalum chinensis var* 'rubrum' | 红继木 | 500 | 500 | 400 | | 768 |

（续表）

| Code 代号 | Botanical Name 植物名称 | | Height (mm) 高度(mm) | Spread (mm) 冠径(mm) | Spacing (mm) 株距(mm) | Remarks 备注 | Quantity 数量 |
|---|---|---|---|---|---|---|---|
| | Latin Name 拉丁名 | Chinese Name 中文名称 | | | | | |
| Mur. pan. | *Murraya paniculata* | 九里香 | 500 | 400 | 400 | | 1 187 |
| Nan. dom. | *Nandina domestica* | 南天竺 | 800 | 400 | 400 | | 895 |
| Odo. str. | *Odontonema strictum* | 野鸡冠 | 500 | 400 | 400 | | 1 274 |
| Pac. lut. | *Pachystachys lutea* | 黄鸭咀花 | — | — | 200 | | 77 |
| Pit. tob. | *Pittosporum tobira* | 海桐花 | 700 | 500 | 500 | | 1 287 |
| Rha. exc. | *Rhapis excelsa* | 棕竹 | 750 | 500 | 500 | | 2 946 |
| Rho. pul. | *Rhododendron pulchrum* | 紫杜鹃 | 500 | 400 | 400 | | 4 665 |
| Rho. sim. 'red' | *Rhododendron simsii* 'red' | 红杜鹃 | 300 | 300 | 300 | | 2 749 |
| Sta. jam. | *Stachytarpheta jamaicensis* | 长穗木 | 750 | 600 | 400 | | 804 |
| Str. reg. | *Strelitzia reginae* | 天堂鸟 | 400 | 300 | 300 | | 6 059 |
| GROUND COVER 地被类 | | | | | | | |
| Alt. den. 'rub' | *Alternanthera dentata* 'Ruby' | 新加坡红草 | 300 | 200 | 200 | | 1 099 |
| Ara. dur. | *Arachis durnaensis* | 巴西花生 | 200 | 200 | 200 | | 11 962 |
| Cal. bic. | *Caladium bicolor* | 花叶芋 | 100 | 200 | 200 | | 12 144 |
| Cup. hys. | *Cuphea hyssopifolia* | 雪茄 | 300 | 300 | 200 | | 34 534 |
| Jun. hor. | *Juniperus horizontalis* | 鸡翼松 | 350 | 400 | 300 | | 3 240 |
| Lan. mon. | *Lantana montevidensis* | 紫马缨丹 | 300 | 300 | 200 | | 7 443 |
| Nep. exa. | *Nephrolepis exaltata* | 蕨 | 300 | 200 | 200 | | 5 298 |
| Phy. myr. | *Phyllanthus myrtifolius* | 锡兰叶下珠 | 300 | 200 | 200 | | 6 052 |
| Rus. equ. | *Russelia equisetiformis* | 吉祥草 | 300 | 300 | 200 | | 2 936 |
| Syn. pod. 'whi' | *Syngonium podophyllum* cv. 'white Butterfly' | 白蝶蝴 | 300 | 300 | 200 | | 5 642 |
| Wed. chi. | *Wedelia chinensis* | 蟛蜞菊 | 250 | 200 | 200 | | 6 462 |

（续表）

| Code 代号 | Botanical Name 植物名称 | | Height (mm) 高度(mm) | Spread (mm) 冠径(mm) | Spacing (mm) 株距(mm) | Remarks 备注 | Quantity 数量 |
| --- | --- | --- | --- | --- | --- | --- | --- |
| | Latin Name 拉丁名 | Chinese Name 中文名称 | | | | | |
| Zep. gra. | Zephyranthes grandiflora | 风雨花 | 200 | 200 | 150 | | 34 619 |
| CLIMBER 爬藤类 | | | | | | | |
| Bou. gla. | Bougainvillea glabra | 勒杜鹃 | 500 | 500 | 500 | | 5 728 |
| Qui. ind. | Quisqualis indica | 使君花 | 1 500 | 7 SHOOTS | 500 | | 13 |
| Sol. gut. | Solanum guttata | 金杯藤 | 1 000 | 7 SHOOTS | — | | 18 |
| Turf 草地 | | | | | | | |
| Zoy. jap. | Zoysia japonica | 朝鲜草 | 100 | 200 | — | | 5 719 sq. m. |
| AQUATIC PLANT 水生植物 | | | | | | | |
| Aco. tat. | Acorus tatarinowii | 石菖蒲 | 400 | — | 150 | | 729 |
| Cyp. alt. | Cyperus alternifolius | 风车草 | 600 | 500 | 400 | | 263 |
| Iri. gri. | Iris gryjisii | 鸢尾 | — | — | 200 | | 1 245 |
| Mon. has. | Momochoria hastata | 箭叶雨久花 | — | — | 200 | | 678 |
| Nym. alb. | Nymphaea alba | 白花睡莲 | — | — | 300 | | 319 |
| Nym. cap. | Nymphaea capensis | 紫莲花 | — | — | 300 | | 237 |
| Nym. rub. | Nymphaea rubra | 红花睡莲 | — | — | 300 | | 202 |
| Phi. xan. | Philodendron xanado | 细叶春羽 | 300 | 200 | 400 | | 32 |
| Rot. rot. | Rotala rotundifolia | 绿圆叶/水苋菜 | — | — | 300 | | 139 |
| Sag. gra. | Sagittaria graminea | 慈姑 | — | — | 200 | | 356 |
| Tha. gen. | Thalia geniculata | | — | — | 300 | | 307 |
| Tra. bic. | Trapa bicornis | 红菱 | — | — | 200 | | 1 285 |
| Typ. ang. | Typha angustifolia | 水烛 | — | — | 400 | | 113 |

（14）所有植栽的间距应满足各植物材料的规格及生长需求，并在种植施工前由设计方和业主代表确认。

（15）所有同种类树木除特别说明外应外观统一。

（16）种植穴尺寸、处理及回填土详见图纸及注释。承包商应清理种植区域及种植穴中的石块、水泥块等杂物。

（17）回土后，植穴边应与原有地表密接，恢复原来地形。

（18）承建商在泥土回填前应先查收花池的排水口或排水层，若有倒塞或损坏不去水的情况，应向景观师汇报。

（19）承包商应就各种植物的生长习性进行土壤测试，并据此采取措施保证植物健康生长。

（20）所有景观用地须覆盖合成土，其深度及范围如下（合成土最低标准，按景观种植工程施工规范书）：

① 乔木 1 200 mm 深×2 倍球根直径范围；

② 灌木 500～800 mm 深×2 倍球根直径范围；

③ 地被 300 mm 深×2 倍球根直径范围；

④ 草皮种植区应先覆 100 mm 合成土，上覆 50 mm 细砂后进行种植。

⑤ 在底板上之树池回填土须为合成土，成分见景观种植工程施工规范图。

（21）承包商应保留完整的植物结构，并通过修剪来优化；承包商应修剪侧枝和细小分枝，以保证其健康生长。

（22）除注明外，地被植物应成三角形间隔种植。

（23）所有植栽的间距应由设计方和业主代表确认。

（24）所有植栽应根据相应的地形起伏来种植，在起伏的地形上种植可能需要排水沟、井、坑等，承包商应提供载植排水系统（包括排水坑及/或树木排水装置清理等）给设计方和业主确认。

（25）所有景观用地须覆盖 50 mm 厚覆盖料。


## 3.3 种植图目录及种植图

### 3.3.1 植物图块的使用

关于块的属性在后面章节中的"索引图块"中会详细介绍，这里重点介绍一下在植物配置施工图中，针对作为"植物图例"的"块"的属性的定义方法。

绘制种植图时，一定会用到"块"的命令，这也是 AutoCAD 绘图的最大优点之一。AutoCAD 具有库的功能且能重复使用图形的部件。方便我们在使用种植图例的时候更加快捷。同时，使用块可以节省磁盘空间，并可以对块进行编辑属性，使其附带相关的信息。

### 3.3.1.1　定义块

在命令栏中输入"B"回车,系统会弹出定义快对话框。选择需要定义的图形,为其命名后,点确定即可。在种植图中,植物的图例通常不需要我们逐一绘制,而是可以调用现成的植物图例,如图3-5所示。

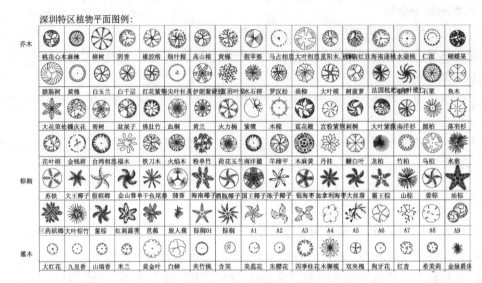

图3-5　植物图例

### 3.3.1.2　插入块

在插入块时,需确定以下几组特征参数,即要插入的块名、插入点的位置、插入的比例系数以及图块的旋转角度。方法是在命令栏中输入"I"回车,即弹出插入块对话框。在绘图区域单击即可。对于块的比例和角度,可以在对话框中设置,也可以在图形插入以后,再对其进行编辑。

### 3.3.1.3　定义属性

属性是块中的文本对象,它是块的一个组成部分。属性从属于块,当利用删除命令删除块时,属性也被删除了。属性不同于块中的一般文本,它具有如下特点:

(1) 一个属性包括属性标志和属性值两个方面。如果用户把地名定义为属性标志,则具体的地名。如北京、上海等就是属性值。

(2) 在定义块之前,每个属性要用 ATTDEF 命令进行定义。由它来具体规定属性缺省值、属性标志、属性提示以及属性的显示格式等的具体信息。属性定义后,该属性在途中显示出来,并把有关信息保留在图形文件中,如图3-6所示。

(3) 绘图者可以在块定义之前用 CHANGE 命令对块的属性进行修改,也可利用 DDEDIT 命令以对话框的方式对属性定义,如属性提示、属性标志以技术型的缺省值作修改。

(4) 在插入块之前,AutoCAD 将通过属性提示要求用户输入属性值。插入块后,属性以属性值表示。因此同一个定义块,在不同的插入点可以有不同的属性值。如果在定义属性时,把属性值定义为常量,则 AutoCAD 将不询问属性值。

图 3-6　植物图块的属性定义

图 3-7　增强属性编辑器

（5）插入块后，用户可以通过 ATTDISP 命令来修改属性的显示可见性，还可以利用 ATTEDIT 等命令对属性作修改。

带有属性的块的形式如下，这样在种植图中就很方便地了解到相关植物的具体情况，还可以将这些信息导出，制作成苗木表，如图 3-7 所示。

## 3.3.2　种植图目录及种植图

### 3.3.2.1　种植图目录

种植施工图是表示园林植物的种类、数量、规格及种植形式和施工要求的图样，是定点放线和组织种植施工与养护管理、编制预算的依据。一般一些较大型的项目植物配置部分需要专门的植物配置师来完成，这部分图纸往往相对独立，即有专门的种植施工图目录和相对应的种植图纸。这部分内容主要包括种植平面图、种植详图、苗木表、做法说明等。为了反映植物的高低配置要求及设计效果，必要时还要绘出立面图等。

同时针对较大型的项目，还要进行必要的分区来分别绘制不同区域的种植图。在本书的案例项目中，就将整个小区分为 A、B、C、D 四个分区。每个分区（如 A 区）又包括相应的树木种植图、灌木和地被种植图和重要节点的种植详图，如表 3-4、3-5 所示。

### 3.3.2.2　种植图

1）平面图。

（1）种植平面图的比例尺一般为 1∶100～1∶500。

（2）标注尺寸或绘制方格网。在图上标注出植物的间距和位置尺寸以及植物的品种、数量，标明与周围固定构筑物和地下管线距离的尺寸，作为施工放线的依据。自然式种植可以用方格网控制距离和位置，方格网用 2 m×2 m～10 m×10 m 的网格，方格网尽量与测量图的方格线在方向上一致。现状保留树种如属于古树名木，要单独注明。

（3）树木种类及数量较多时，可分别绘出乔木（见图 3-8、图 3-9）和灌木及地被（见图 3-10、图 3-11）的种植图。

表 3 - 4　种植图目录（一）

| 图纸内容<br>DESCRIPTION | 图纸尺寸<br>SHEET SIZE | 发出日期<br>1ST ISSUE DATE | 修订<br>REVISION | 修改日期<br>REVISION DATE |
|---|---|---|---|---|
| **GENERAL INFORMATION** | | | | |
| A 区-图纸目录表<br>Zone A-Drawing Schedule | A3 | 15 – Dec – 03 | A | 30 – Dec – 03 |
| A 区-种植说明<br>Zone A-Planting Notes | A3 | 15 – Dec – 03 | | |
| A 区-种植说明<br>Zone A-Planting Notes | A3 | 15 – Dec – 03 | | |
| **SOFT LANDSCAPE PLANS** | | | | |
| A 区-树木种植图一<br>Zone A-Tree Planting Plan (Sheet 1 of 4) | A1 | 15 – Dec – 03 | C | 30 – Dec – 03 |
| A 区-树木种植图二<br>Zone A-Tree Planting Plan (Sheet 2 of 4) | A1 | 15 – Dec – 03 | C | |
| A 区-树木种植图三<br>Zone A-Tree Planting Plan (Sheet 3 of 4) | A1 | 15 – Dec – 03 | C | 30 – Dec – 03 |
| A 区-树木种植图四<br>Zone A-Tree Planting Plan (Sheet 4 of 4) | A1 | 15 – Dec – 03 | C | 30 – Dec – 03 |
| A 区-树木名目表<br>Zone A-Tree Schedule | A1 | 15 – Dec – 03 | | 30 – Dec – 03 |
| A 区-灌木种植和地被种植图一<br>Zone A-Shrub Planting Plan (Sheet 1 of 4) | A1 | 15 – Dec – 03 | A | 30 – Dec – 03 |

（续表）

| 图纸内容<br>DESCRIPTION | 图纸尺寸<br>SHEET SIZE | 发出日期<br>1ST ISSUE DATE | | 修订<br>REVISION | | 修改日期<br>REVISION DATE |
|---|---|---|---|---|---|---|
| A 区-灌木种植和地被种植图二<br>Zone A-Shrub Planting Plan (Sheet 2 of 4) | A1 | 15 – Dec – 03 | A | | | 30 – Dec – 03 |
| A 区-灌木种植和地被种植图三<br>Zone A-Shrub Planting Plan (Sheet 3 of 4) | A1 | 15 – Dec – 03 | A | | | 30 – Dec – 03 |
| A 区-灌木种植和地被种植图四<br>Zone A-Shrub Planting Plan (Sheet 4 of 4) | A1 | 15 – Dec – 03 | A | | | 30 – Dec – 03 |
| A 区-灌木种植和地被种植名目表<br>Zone A-Shrub Schedule | A1 | 15 – Dec – 03 | A | | | |
| A 区-1A – 2A 栋屋顶花园种植图<br>Zone A-Block 1A-2A Roof Garden Planting Plan | A3 | 15 – Dec – 03 | | | | |
| A 区-3A – 4A 栋屋顶花园种植图<br>Zone A-Block 3A-4A Roof Garden Planting Plan | A3 | 15 – Dec – 03 | | | | |
| A 区-9A – 10A 栋屋顶花园种植图<br>Zone A-Block 9A-10A Roof Garden Planting Plan | A3 | 15 – Dec – 03 | | | | |
| A 区-11A – 12A 栋屋顶花园种植图<br>Zone A-Block 11A-12A Roof Garden Planting Plan | A3 | 15 – Dec – 03 | | | | |

表 3 – 5 种植图目录(二)

| 图纸内容<br>DESCRIPTION | 图纸尺寸<br>SHEET SIZE | 发出日期<br>1ST ISSUE DATE | 修订<br>REVISION | 修改日期<br>REVISION DATE |
|---|---|---|---|---|
| SOFT LANDSCAPE PLANS | | | | |
| A 区 - 17A 栋屋顶花园种植图<br>Zone A-Block 17A Roof Garden Planting Plan | A3 | 15 – Dec – 03 | | |
| A 区 - 19A 栋屋顶花园种植图<br>Zone A-Block 19A Roof Garden Planting Plan | A3 | 15 – Dec – 03 | | |
| A 区 - 20A - 21A 栋屋顶花园种植图<br>Zone A-Block 20A-21A Roof Garden Planting Plan | A3 | 15 – Dec – 03 | | |
| A 区 - 商铺屋顶花园种植图<br>Zone A-Shop Roof Garden Planting Plan | A1 | 15 – Dec – 03 | | |
| A 区 - 商铺屋顶花园种植图<br>Zone A-Shop Roof Garden Planting Plan | A1 | 15 – Dec – 03 | | |
| 详图 SOFTWORK LANDSCAPE DETAILS | | | | |
| PLANTING DETAILS | | | | |
| 乔木规格<br>Tree Measurement Detail | A3 | 15 – Dec – 03 | | |
| 灌木及地被规格<br>Plant Measurement Detail-Shrub and Ground Cover | A3 | 15 – Dec – 03 | | |
| 种植乔木大样<br>Tree Detail-Tree Stake Detail | A3 | 15 – Dec – 03 | | |
| 硬铺地乔木种植大样<br>Shrub and Ground Cover Planting Detail | A3 | 15 – Dec – 03 | | |

（续表）

| 图纸内容<br>DESCRIPTION | 图纸尺寸<br>SHEET SIZE | 发出日期<br>1ST ISSUE DATE | 修订<br>REVISION | | 修改日期<br>REVISION DATE |
|---|---|---|---|---|---|
| 灌木种植和地被种植大样<br>Triangular Spacing | A3 | 15 – Dec – 03 | | | |
| 成三角形的种植形式<br>Sod Planting Detail | A3 | 15 – Dec – 03 | | | |
| 草坪种植大样<br>Sod Planting Detail | A3 | 15 – Dec – 03 | | | |
| 乔木处理及运输 1<br>Handing of Plant Material Trees 1 | A3 | 15 – Dec – 03 | | | |
| 乔木处理及运输 2<br>Handing of Plant Material Trees 2 | A3 | 15 – Dec – 03 | | | |
| 乔木处理及运输 3<br>Handing of Plant Material Trees 3 | A3 | 15 – Dec – 03 | | | |

**LEGEND 圖例**

| CODE | DESCRIPTION |
|------|-------------|
| ⊕ | 大樹<br>TREE |
| ⊙ | 細樹<br>SMALL TREE |
| ✳ | 棕櫚<br>PALM |
| ❀ | 特色棕櫚 (位置需現場指示) |

图 3-8  树木种植图(一)

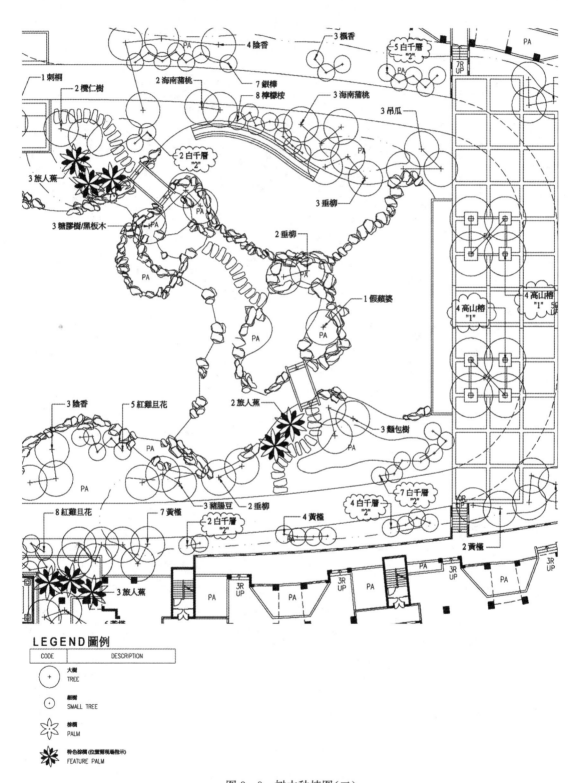

图 3-9 树木种植图(二)

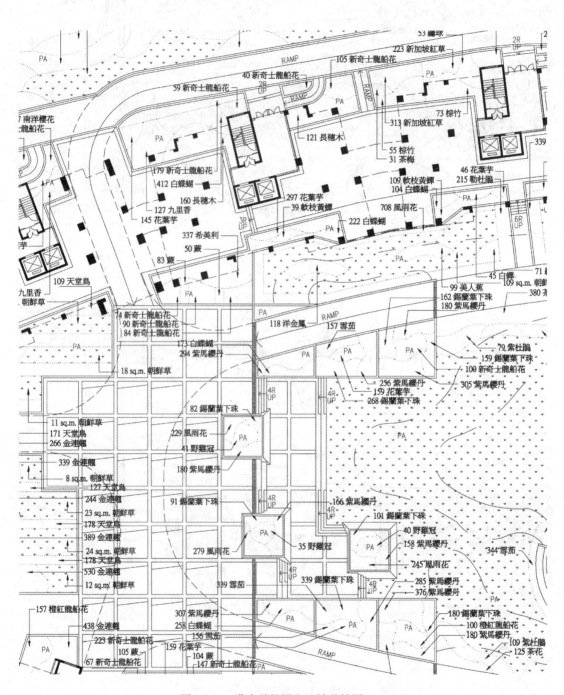

图 3-10 灌木种植图和地被种植图(一)

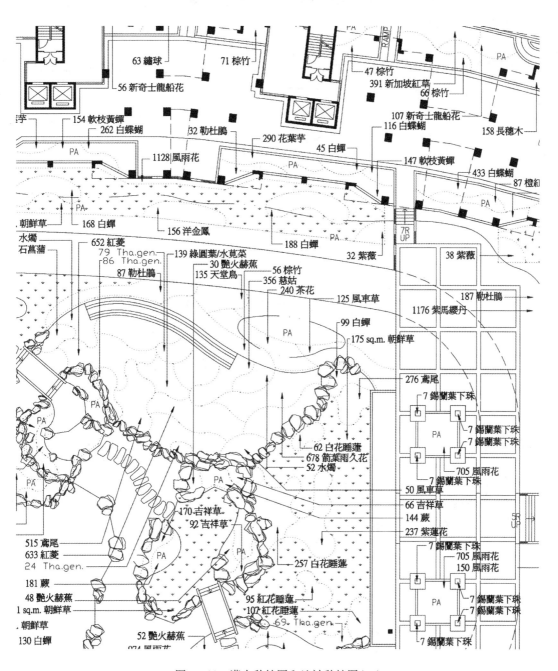

图 3-11 灌木种植图和地被种植图(二)

2）立面图。

立面图主要在竖向上表明各园林植物之间的关系、园林植物与周围环境及地上、地下管线设施之间的关系等。

3）详图。

必要时可绘制种植详图，说明种植某一种植物时挖穴、覆土施肥、支撑等种植施工要求。图的比例尺为 1∶20～1∶50，如图 3-12 所示。

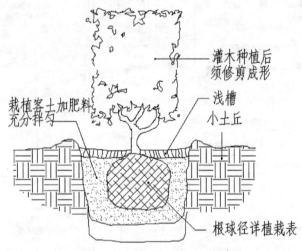

图 3-12　灌木栽植标准详图

## 习题及要求

（1）熟悉几种华东地区常见植物，并了解其应用范围。

（2）种植施工图包括的内容及绘制方法有哪些？

（3）植物图块的编辑方法是什么？

# 第4章
## 分区部分图纸绘制

本章内容包括：分区部分图纸的内容与总图之间的联系；外部参照与块属性的讲解；以"湖区"部分图纸为例，使读者了解分区部分图纸的具体内容。

# 4.1　分区平面图绘制

## 4.1.1　如何绘制分区平面图

分区部分的图纸是在总平面图的基础之上,将已由总平面索引图划分好的各个分区进行详细绘制。包括详细的定位及尺寸标注,分区铺装图,以及在分区平面图基础上的局部平面图及节点详图等。

分区图其实可以当作一个小的总图来看,所以总图上的索引、竖向、尺寸、铺装等内容,在分区图同样,而且需要更细致。

当分区图索引出来以后,就把该区域的平面图详细放大,需要表达:

(1) 重要节点的尺寸与定位。

(2) 场地竖向标高与排水方向。

(3) 剖面图与立面图的索引符号与位置。

(4) 主要详图索引符号。

既然分区平面图是总平面图的细化,那么我们在绘制分区平面图的时候,首先就是要调用之前所绘制好的总平面图。

这里就需要介绍一个新的命令——外部参照。之所以使用这个命令,因为它有以下优点:

(1) 我们在绘制一套景观施工图的时候,往往会就方案图的一些地方做适当的修改,或是甲方会提供一些临时的修改意见,导致在施工图的绘制过程中需要就已画好的图纸进行布局调整。外部参照的使用会使得这一过程变得更为方便快捷,只需要对被参照的图纸进行修改,参照图纸就会相应改变,避免重复劳动,从而提高绘图效率。

(2) 引用外部参照会大大减少图纸的大小,节省空间,提高绘图速度。

### 4.1.1.1　外部参照的使用

现在我们就要介绍外部参照命令的运用。

外部参照提供了一种灵活的图形引用方法。使用外部参照可以将多个图形链接到当前图形中,并且作为外部参照的图形会随着原图形的修改而更新。此外,外部参照不会明显地增加当前图形的文件大小,从而可以节省磁盘空间,也利于保持系统的性能。

当一个图形文件被作为外部参照插入到当前图形中时,外部参照中每个图形的数据仍然分别保存在各自的源图形文件中,当前图形中所保存的只是外部参照的名称和路径。无论一个外部参照文件多么复杂,AutoCAD 都会把它作为一个单一对象来处理,而不允许进行分解。绘图时可对外部参照进行比例缩放、移动、复制、镜像或旋转等操作,还可以控制外部参照的显示状态,但这些操作都不会影响到原图文件。

当打开或打印附着有外部参照的图形文件时,AutoCAD 自动对每一个外部参照图形文件进行重载,从而确保每个外部参照图形文件反映的都是它们的最新状态。

打开 CAD 界面,在命令行输入命令"XA"后回车,系统首先弹出"选择参照文件"对话框,提示用户指定外部参照文件,然后显示"外部参照"对话框,如图 4-1、图 4-2 所示。

图 4-1 "选择参照文件"对话框

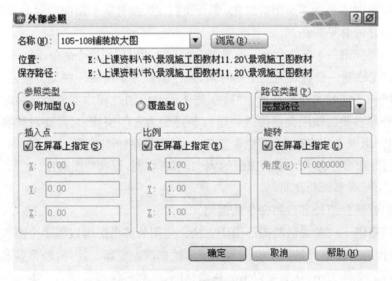

图 4-2 "外部参照"对话框

在对话框中选择"完整路径"选项,这样外部参照的路径将保存到图形数据库中。点击"确定"后,文件就被引入到当前编辑的图形当中。

对于图形中所引用的外部参照,要通过外部参照管理器来进行管理的,其命令调用方式为:在命令行输入命令"XR",回车,系统将弹出"外部参照管理器"对话框,如图 4-3 所示。

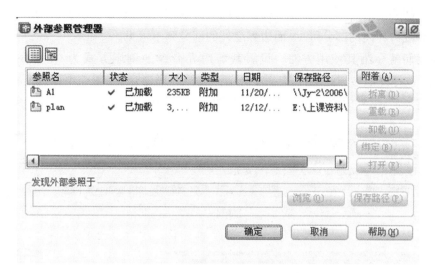

图4-3　"外部参照管理器"对话框

在"外部参照管理器"的对话框里,有几个选项卡需要介绍一下:

(1)附着外部参照。如果在列表中选择了一个已有的外部参照,单击此按钮可直接弹出"外部参照"对话框,用于在图形中插入该参照的一个副本。如果没有选择或选择多个外部参照,则单击该按钮将定位并插入新外部参照文件。

(2)拆离外部参照。在外部参照列表中选择一个或多个参照后,单击此按钮可以从图形中拆离指定的外部参照。如果对某个外部参照进行拆离操作,则AutoCAD将在图形中删除该外部参照的定义,并清除该外部参照的图形,包括其所有的副本。

(3)重载外部参照。在外部参照列表中选择一个或多个参照后,单击此按钮可以对指定的外部参照进行更新。AutoCAD在打开一个附着有外部参照的图形文件时,将自动重载所有附着的外部参照,但在编辑该文件的过程中则不能实时地反映原图形文件的改变。因此,利用重载按钮在任何时候都可以从外部参照文件中重新读取外部参照图形,以便及时地反映原图形文件的变化。

(4)卸载外部参照。在外部参照列表中选择一个或多个参照后,单击此按钮可以将指定的外部参照在当前图形中卸载。该操作并不删除外部参照的定义,而仅仅取消外部参照的图形显示(包括其所有副本)。

(5)绑定外部参照。在外部参照列表中选择一个或多个参照后,单击此按钮可以将指定的外部参照断开与原图形文件的链接,并转换为块对象,成为当前图形的永久组成部分。选择该按钮后将弹出"绑定外部参照"对话框。该对话框提供了两种绑定类型:"绑定",AutoCAD将外部参照的已命名对象依赖符号加入到当前图形中;"插入":AutoCAD从外部参照的已命名对象名称中消除外部参照名称,并将多个重名的命名对象合并在一起。

### 4.1.1.2　外部参照的编辑

对于已附着到图形中的外部参照,由于被参照文件往往范围较大,而我们绘制时只需显示其中某一部分图形,这时就需要对外部参照进行剪切,即重新定义其剪裁边界。定义后外部参照在剪裁边界内的部分可见,而边界之外的部分则不可见。

　　下面我们就介绍其使用方法。设置裁剪边界命令的调用方式为:在命令行中输入:"XC"回车,选择外部参照的文件,新建边界后,选择矩形命令,在图面中框选所需的范围即可。设置结束后,框外的图形会自动消失,如图4-4、图4-5所示。

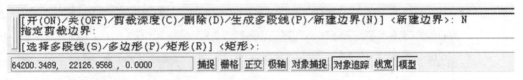

图4-4

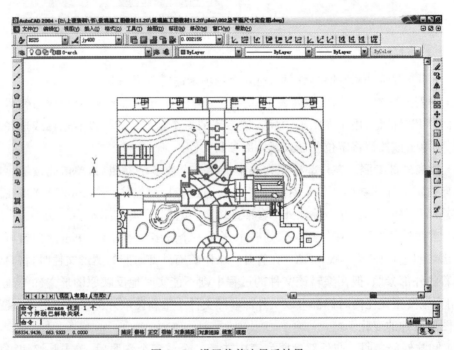

图4-5　设置裁剪边界后效果

　　至此,"外部参照"命令介绍完成。我们可以运用此命令进行分区平面图的绘制(见图4-6、图4-7),也可用于总图中的室外家具布置图等的绘制,以及详图部分的图纸绘制。

## 4.1.2　绘制分区铺装平面图

　　绘制分区铺装图的具体绘制方法仍是将总平铺装图作为外部参照,将其作为底图,对相应的分区铺装平面进行详细绘制。其内容包括详细绘制各分区平面内的硬质铺装花纹,详细标注各铺装花纹的材料材质及规格,如图4-8、图4-9所示。

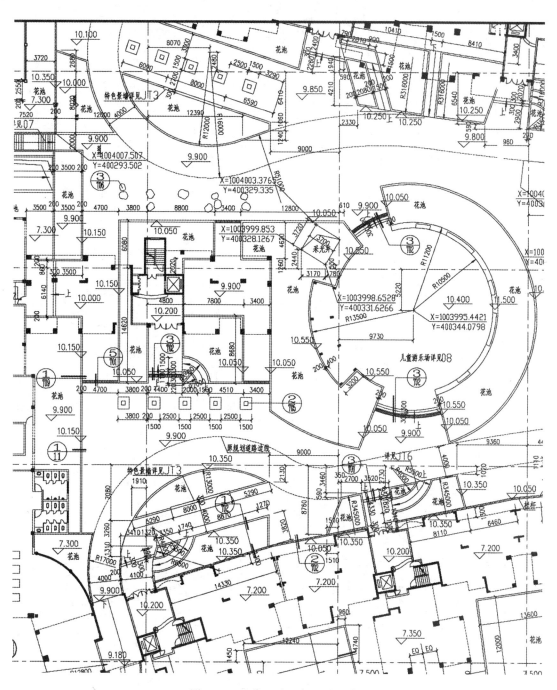

图4-6 Ⅰ分区平面布置图(局部)

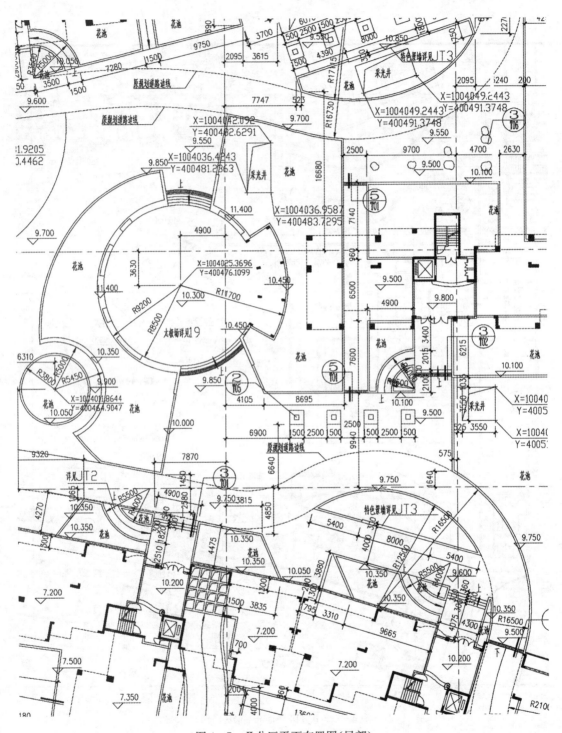

图 4-7  Ⅱ分区平面布置图(局部)

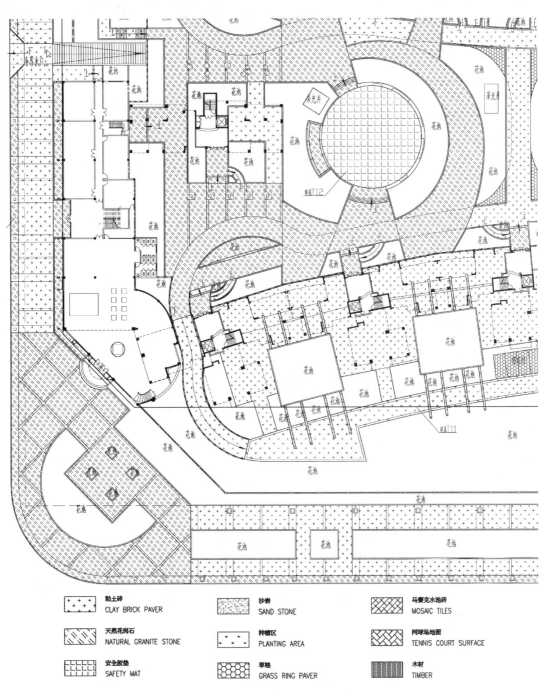

| | 粘土砖 | | 沙岩 | | 马赛克水池砖 |
|---|---|---|---|---|---|
| | CLAY BRICK PAVER | | SAND STONE | | MOSAIC TILES |
| | 天然花岗石 | | 种植区 | | 网球场地面 |
| | NATURAL GRANITE STONE | | PLANTING AREA | | TENNIS COURT SURFACE |
| | 安全胶垫 | | 草格 | | 木材 |
| | SAFETY MAT | | GRASS RING PAVER | | TIMBER |

图 4-8　Ⅰ分区铺装图（局部）

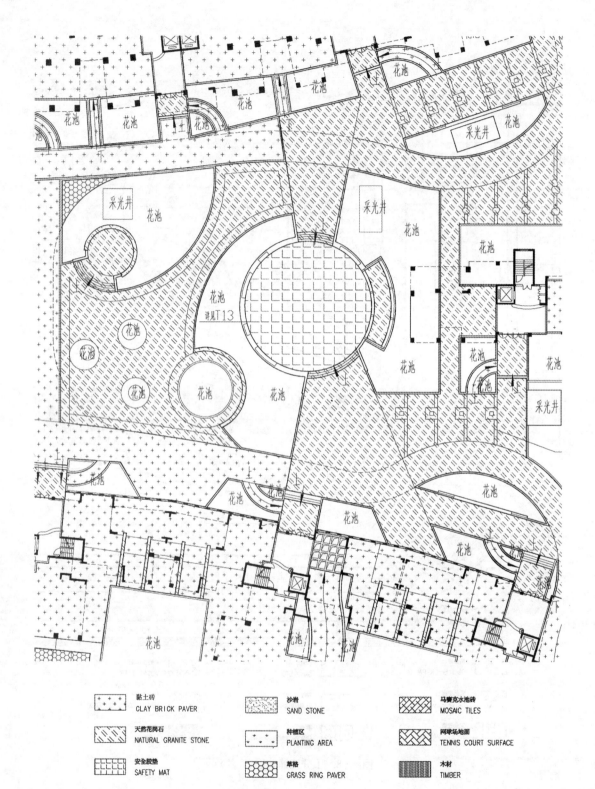

| 黏土砖<br>CLAY BRICK PAVER | 沙岩<br>SAND STONE | 马赛克水池砖<br>MOSAIC TILES |
| --- | --- | --- |
| 天然花岗石<br>NATURAL GRANITE STONE | 种植区<br>PLANTING AREA | 网球场地面<br>TENNIS COURT SURFACE |
| 安全胶垫<br>SAFETY MAT | 草格<br>GRASS RING PAVER | 木材<br>TIMBER |

图 4-9　Ⅱ分区铺装图

### 4.1.3　分区内细部图纸

#### 4.1.3.1　如何制作"索引符号"图块属性

在上一节的分区布置平面图中(见图 4-6、图 4-7),我们可以看到很多"索引符号"。这些"索引符号"都是有着属性的图块。这些图块属性就像附在图块上面的标签,包含有该图块的各种信息。制作这样的图块可以运用到很多方面。如有的图块可包含商品的原材料、型号、价格、制造商等等。

在景观施工图的绘制中,就常常需要运用定义好的图块来表示"索引符号"和"植物图例"等。这样做的好处在于图块中包含了相应的信息,给绘图工作带来很多方便。同时,定义属性后的图块可以有效地整合相关的数据信息,使图块的编辑和修改的效率提高。下面要介绍的"索引符号"的图块制作就是这样一个例子。

使用图块属性的过程一般包括几个步骤:

(1) 在定义图块之前,先将欲包含在图块中的各信息项分别做成属性定义。

(2) 将图形对象和若干项属性定义共同组成图块。

(3) 插入图块时,修改某些属性值,然后,可将此图块复制到图中需要的位置。

(4) 图形绘制全部完成后,通过 ATTEXT 命令提取图中块属性,生成固定格式的文本文件,供其他程序使用。

以上过程中的第四步,可按需要进行,并非命令必须执行的步骤。关于块属性的提取,不在此展开论述。

块属性需要先定义后使用,块属性定义是在创建图块之前进行的。其命令为:"ATTEXT"。或菜单"绘图"下的"块"下的"定义属性"。执行该命令后,弹出"属性定义"对话框,如图 4-10 所示。

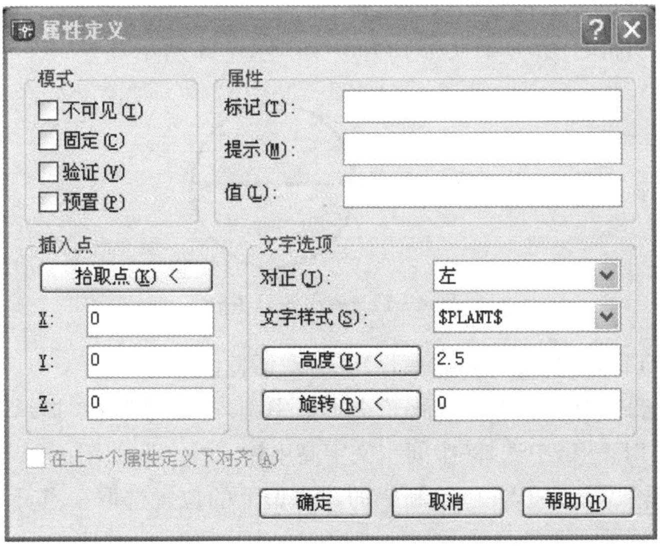

图 4-10　"属性定义"对话框

该对话框中包含了"模式"、"属性"、"插入点"、"文字选项"四个区,各项含义如下:

(1) 模式区。通过复选框设定属性的模式。

① 不可见:设置插入块后是否显示其属性的值。

② 固定:设置属性是否为常数。

③ 验证:设置在插入块时,是否让 AutoCAD 提示用户确认输入的属性值是否正确。

④ 预置:在插入图块时,是否将此属性设为缺省值。

(2) 属性区。设置属性。

① 标记:属性的标签,该项是必需的。

② 提示:作输入时提示用户的信息。

③ 值:制定属性的缺省值。

(3) 插入点区。设置属性插入点。

① 拾取点(k)< :在屏幕上点取某点作为插入点。

② X、Y、Z 文本框:插入点坐标值。

(4) 文字选项区。

① 对正:设置属性文字相对于插入点的对正方式。

② 文字样式:制定属性文字的预定文字样式,可以在下拉列表中选择某文字样式。

③ 高度:制定属性文字的高度,也可点取 高度(E)< 按钮,在绘图区点取两点来确定高度。

④ 旋转:制定属性文字的旋转角度,也可点取 旋转(R)< 按钮,在绘图区点取两点来定义旋转的角度。

⑤ 在上一个属性定义下对齐:选中该复选框,表示当前属性采用上一个属性的文字样式、文字高度以及旋转角度,且另起一行按上一个属性的对证方式排列。此时"插入点"与"文字选项"均不可用。

制作带属性定义的索引符号图块方法如下:

(1) 先绘制索引符号图形,半径为 10 mm,如图 4 - 11 所示。

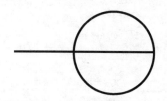

图 4 - 11　索引符号图形

(2) 输入"ATTEXT"命令,进入"属性定义"对话框。

(3) 在"属性定义"对话框中的"标记"文本框中键入"编号",在"提示"文本对话框中键入"详图符号",在"对正"框中选择"中间",文字高度输入"3.5",如图 4 - 12 所示。

(4) 点取 拾取点(k)< 按钮,在已绘制好的圆心偏上的位置选取一点,回到"属性定义"对话框。

(5) 单击"确定"按钮,完成"编号"属性定义,在图形上出现"编号"字样,如图 4 - 13 所示。

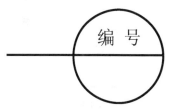

图 4-12　定义"标记"及"提示"

图 4-13　完成"编号"属性定
　　　　义后的图形

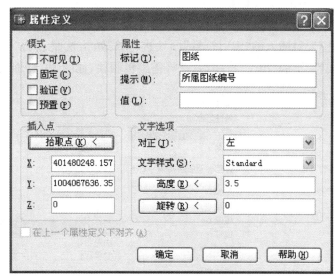

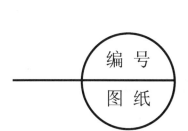

图 4-14　完成"图纸"属性定
　　　　义后的图形

图 4-15　定义"标记"及"提示"

（6）重复步骤（2）、（3），在步骤（4）中对新建的属性定义做如图 4-15 所示的设定。

（7）按"确定"按钮完成"图纸"属性定义，图形上出现"图纸"字样，如图 4-14 所示。

（8）重复步骤（2）、（3），在步骤（4）中输入如图 4-16 所示的设置：

（9）点取"拾取点"按钮，在绘图区中捕捉直径左端点，回到属性定义对话框，点击"确定"完成"图集"属性定义。图形上出现"图集"字样，如图 4-17 所示。

（10）用 BLOCK 命令将图 4-17 图形定义为"索引符号"图块，其插入点为圆下方的象限点。

图4-16　定义"标记"及"提示"

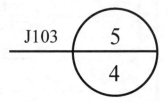

图4-17　完成"图集"属性定义后的图形

图4-18　最终完成的图形

（11）用 INSERT 命令插入"索引符号"图块时，注意在命令栏中输入相应的图纸编号即可，如图4-18所示。

在施工图的绘制过程中，只需完成一次符号的制作编辑，其余符号只需进行复制即可。如需要对插入的"索引符号"图块进行修改，方法是点击"修改"菜单栏下的"对象"，选择其"属性"下的"单个"按钮后，选择需编辑图块，如图4-19所示。

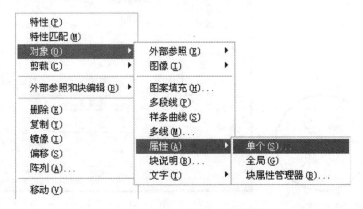

图4-19　"属性修改"下拉列表

单击后弹出"增强属性编辑器"对话框，将其中的"详图编号"和"图纸编号"进行相应的修改，如图4-20所示。

这里提供一个较为快捷的编辑方法，即用鼠标双击需要修改的图块，即可弹出"增强属性编辑器"对话框，然后可进行相应的修改。

需要注意的一点是，在"属性定义"对话框中，设置文字高度时，上述所设置的"3.5"为实际文字高度，即出图时的文字高度。如果在绘图时图纸有相应的比例，那么所输入的文字高度就需要用实际高度除以图纸比例，所得出的数值才是应该输入的文字高度。

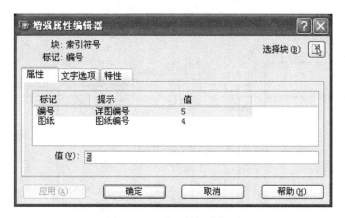

图 4-20　增强属性编辑器

#### 4.1.3.2　分区详细图纸绘制

本章前两节讲解了分区平面图及分区铺装图的绘制,而一套分区图纸内包含着更多细部图纸。这些图纸包括:分区局部平面图、局部铺装详图、局部剖面图等,此外根据图纸的设计内容不同,还需要将其中需要详加说明的部分绘制成更为详细的局部详图,比如:水池驳岸的做法、花钵剖面、台阶的做法。如果平面图中有亭、廊、榭等景观构筑物,还需要绘制出该构筑物的平面、立面、剖面图等详细图纸。

从总平面图到分区平面图,再到各分区内的详图,是层层递进、层层深化的过程。分区平面图和分区各详图之间,详图与详图之间由索引符号连接。这就要求我们在图纸的绘制过程中,始终要做到条理清晰。

本节的一开始,我们就介绍了"索引符号"的绘制方法,这就方便我们在分区详图的绘制中始终保持图纸与图纸之间一一对应的关系,提高绘图的效率。由于各分区平面图及详图之间是平行的关系,在这里我们以"Ⅰ分区平面图"及其详图为例,就分区平面图和详图之间的对应关系和绘制方法作详细讲解,使大家对景观施工图绘制有更为深入的认识,其他几个分区仅将图纸列入其后。

1)"Ⅰ分区平面图"与三个局部分区图

在"Ⅰ分区平面图"中包括三个局部分区图,分别是"室外楼梯局部平面"、"儿童游乐场局部平面"和"南入口广场局部平面"。在分区平面图中的表示如图 4-21 所示。

图 4-22 为室外楼梯局部平面图。图中标注出了此区域的详细尺寸、标高,及重要控制点的坐标。其中台阶的详图由图中文字"详见 07"引入到 07 详图中,进行进一步详细绘制。

图 4-23 为儿童游乐场局部放大平面图。局部平面图在分区平面图中表示时,可用索引图的形式划定某一区域界限,然后用引线引出索引符号或文字,在相应的图纸上绘制出其详细的局部平面图。如图中的"儿童游乐场详见 08",即为"08"页面是其详图图纸,如图 4-24 所示。

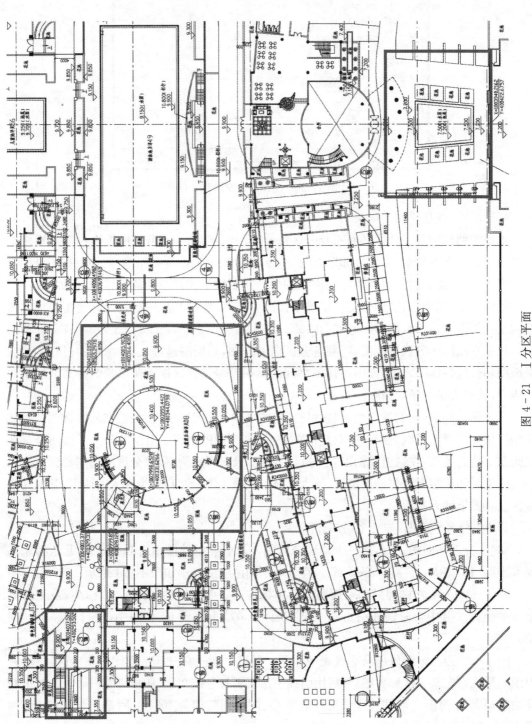

图 4-21 Ⅰ分区平面

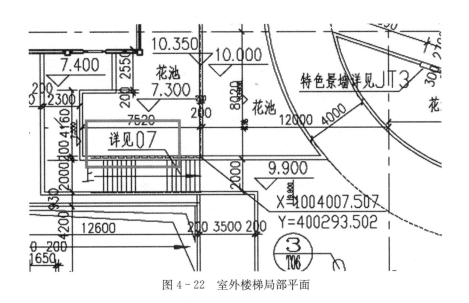

图 4 - 22 室外楼梯局部平面

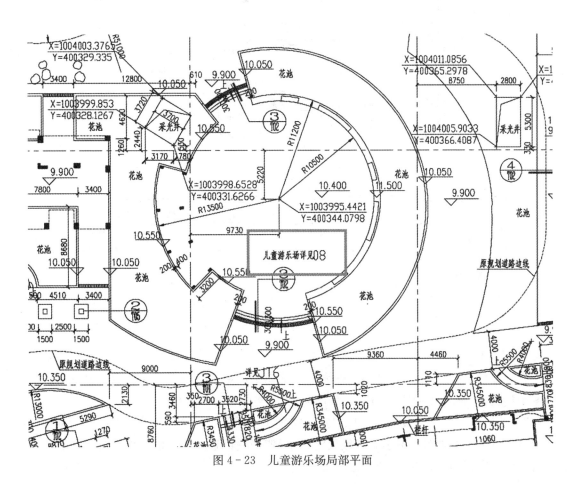

图 4 - 23 儿童游乐场局部平面

| 审　定 | | 专业负责 | | 兴　建单　位 | 五洲房产开发有限公司 | 资格证书号 | |
|---|---|---|---|---|---|---|---|
| | | | | | | 合同号 | |
| 审　核 | | 校　对 | | 工程名称 | 五洲花城小区环境（A区） | 比　例 | 见　图 |
| 项目负责 | | 建筑设计 | | 图　纸内　容 | 儿童游乐场平面图 | 日　期 | 2003.12.30 |
| 注册建筑师 | | 结构设计 | | | | 图　别 | 建　施 |
| | | | | | | 图　号 | 08 |

图 4 - 24　对应页码显示

图 4 - 25 为南入口广场局部平面。同样，根据图纸的需要，某些局部要绘制平面图等图纸时，在总图中表示时可用引线引出，如图中所示"南入口广场，详见 14"，这样就在"Ⅰ分区平面"与各分区详图之间建立起了一一对应的关系，方便日后的图纸翻阅。

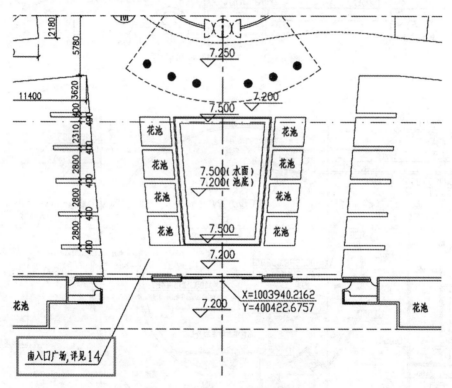

图 4 - 25　南入口广场局部平面

2）室外楼梯详图

在划分出三个局部平面图之后，就需要就这三个区域进行详图绘制。根据其内部设计的复杂程度，绘制出更为细致的图纸，如剖面图、结构图、局部详图等。

"室外楼梯详图"部分的图纸包括"室外楼梯平面图"、"$a$-$a$ 断面图"、"$b$-$b$ 断面图"、"标准栏杆详图"四张图。由于此区域尺度较小，四张图设置好相应的比例后可以放在一张 A2 图纸上，四幅详图如图 4 - 26、图 4 - 27 所示。

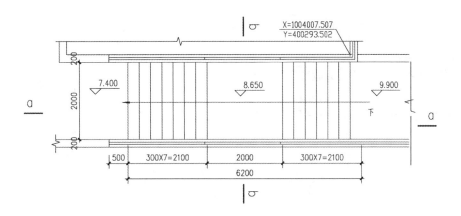

室外楼梯平面图　1:50

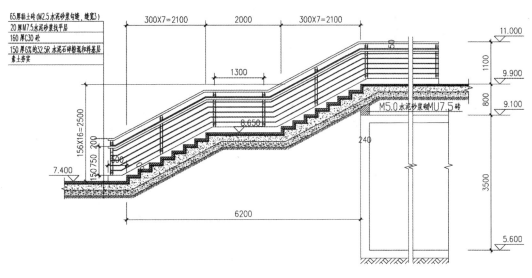

a-a 断面图　1:50

图 4-26　室外楼梯详图(一)

3) 儿童游乐场平面图及其详图

此部分图纸包括:"儿童游乐场平面图"、"儿童游乐场结构图"、"儿童游乐场详图"等,详图中绘制了该区域中的"景墙平面图"、"景墙立面图"、"弧形荫棚平面图"和"弧形荫棚展开立面图"。具体图纸如图 4-28 所示。

值得注意的是,在这张平面图上需要就随后的详图图纸标记出相应的"索引符号"和"剖切符号"等,如图 4-29、图 4-30、图 4-31 所示。

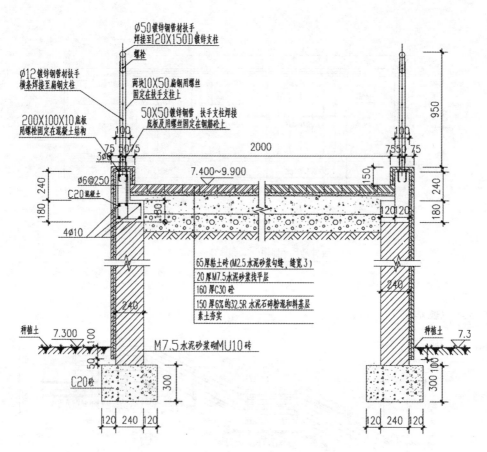

Ø50镀锌钢管材扶手
焊接至120X150D镀锌支柱
螺栓
Ø12镀锌钢管材扶手
横条焊接至扁钢支柱
两块10X50扁钢用螺丝
固定在扶手支柱上
200X100X10底板
用螺栓固定在混凝土结构
50X50镀锌钢管，扶手支柱焊接
底板及用螺丝固定在钢筋砼上
100
75 5075
300
Ø6@250
C20混凝土
240
180
4Ø10
2000
7.400~9.900
150
100
75 50 75
120 120
240
180
950

65厚粘土砖(M2.5水泥砂浆勾缝，缝宽3)
20厚M7.5水泥砂浆找平层
160厚C30砼
150 厚6%的32.5R 水泥石碴粉混和料基层
素土夯实

种植土
7.300
100
240
50
M7.5水泥砂浆砌MU10砖
C20砼
300
120 240 120

种植土
7.3
100
300 100
240

b-b 断面图 1:20

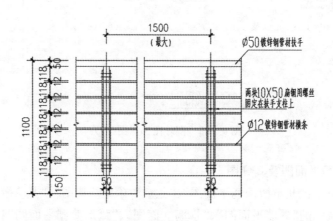

1500
(最大)
Ø50镀锌钢管材扶手
两块10X50扁钢用螺丝
固定在扶手支柱上
Ø12镀锌钢管材横条
1100
118 118 118 118 118 12 12 12 12 12
50
150
50
50

标准栏杆大样 1:50

图4-27 室外楼梯详图(二)

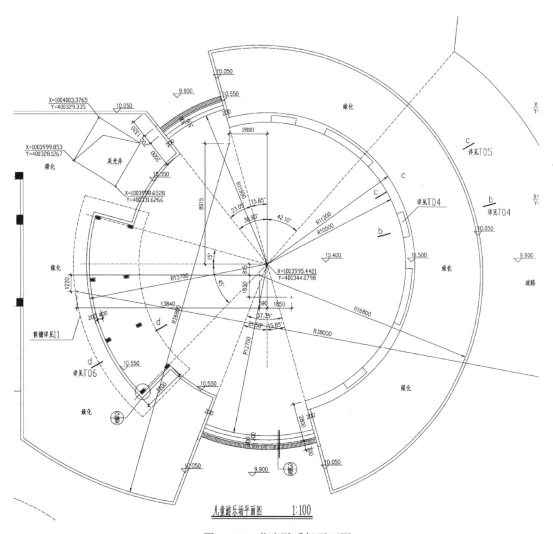

儿童游乐场平面图　　1:100

图4-28　儿童游乐场平面图

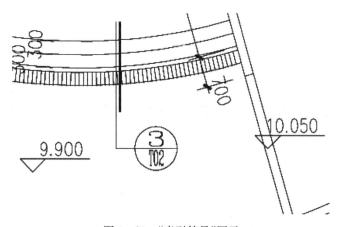

图4-29　"索引符号"图示

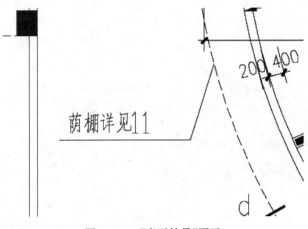

图 4 - 30　"索引符号"图示

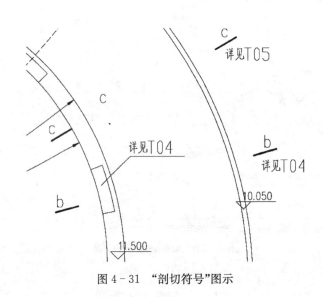

图 4 - 31　"剖切符号"图示

⌢3/T02⌣索引符号所指向的图纸为"T02"，此序号所代表的图纸均为"通用详图"。关于"通用详图"部分，我们在后面的章节中会详细讲解。在此仅附相对应的图纸（见图 4 - 32、图 4 - 33、图 4 - 34）。

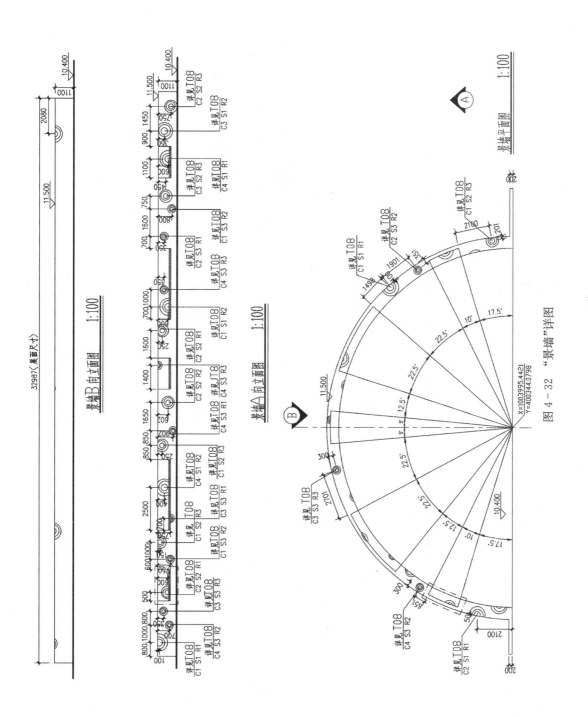

图 4－32　"景墙"详图

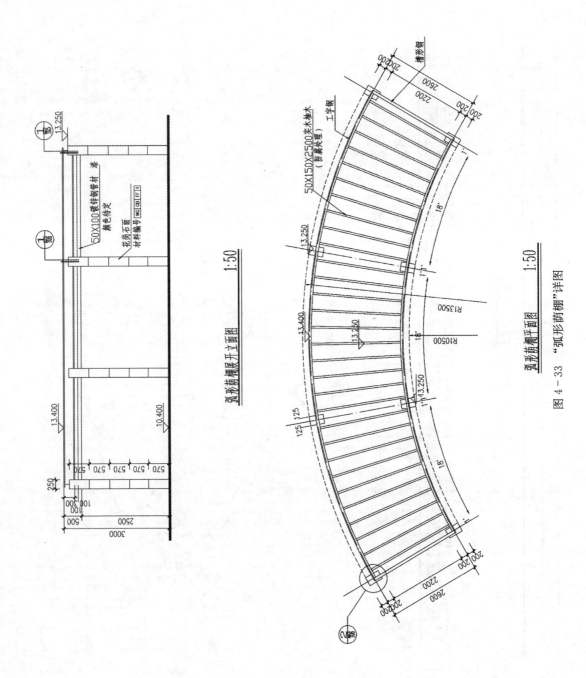

图4-33 "弧形荫棚"详图

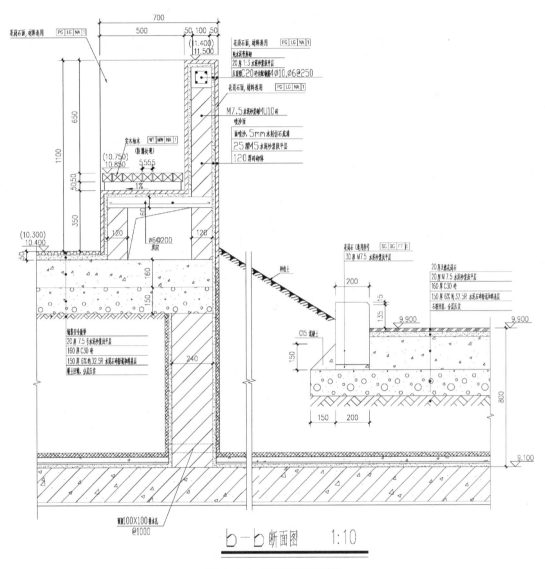

b—b 断面图 1:10

图 4-34 "景墙座椅"详图

在图 4-34 的详图绘制中,需要标注出"景墙座椅"的细部尺寸、基础做法、材质,以及饰面的材料。图中的饰面材料均由编号表示,如 PG LG NA 1 。编号表示的内容可查阅第二章材料表(见图 2-46~图 2-48)。

4) 南入口广场平面图及其详图

此部分的图纸包括:"南入口广场局部平面图(一)"、"南入口广场局部平面图(二)"。在此仅以"南入口广场局部平面图(一)"为例。在局部平面图中除进行详细的尺寸标注和竖向标注外,还应标注出定位点坐标以及"索引符号"和"剖切符号"等。

图 4-35 为南入口广场局部平面图(一)。

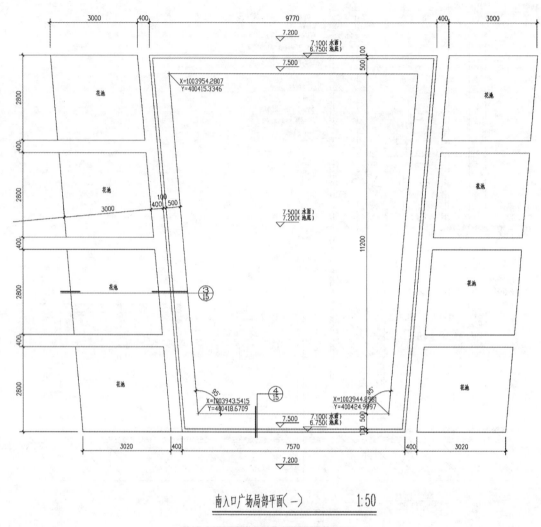

南入口广场局部平面（一）　　　1:50

图4-35　南入口广场局部平面图（一）

"南入口广场详图"部分图纸分别绘制出了"南入口广场局部平面一"中的两段断面图 $\frac{3}{12}$、$\frac{4}{12}$，如图4-36所示。

至此，分区图详图的画法基本介绍完成，其余三个分区"Ⅱ分区"、"Ⅲ分区"和"Ⅳ分区"的详图绘制过程基本相同，只是根据分区内设计的复杂程度和具体的施工要求，来确定所绘制详图的数量和详细程度，在此不再赘述。

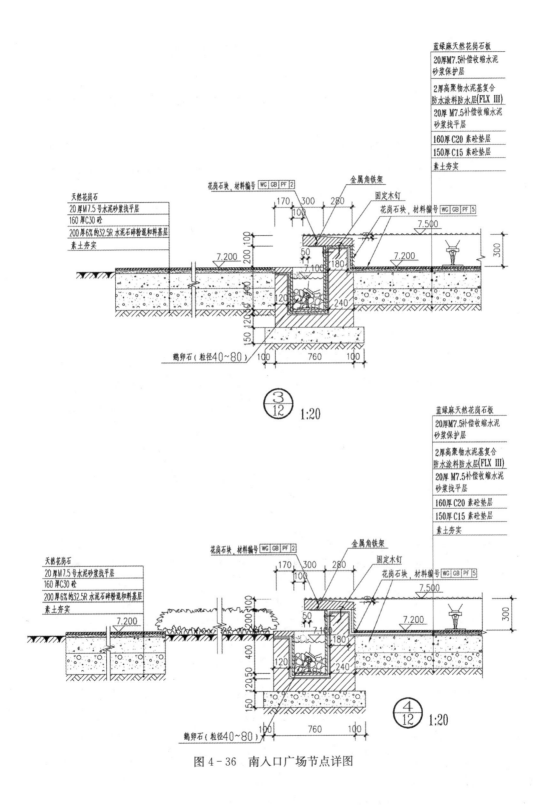

图 4-36　南入口广场节点详图

## 4.2 "湖区"部分图纸绘制

所谓分区图也就是局部放大平面图,是在总的平面图里划分若干个局部,然后再进行局部详细设计。

分区的意义是当一个项目比较大而且设计内容较多,单凭一张总图不能清楚地表达所有内容,还需要将总图划分为若干个分区图,分区范围用粗虚线表示,分区名称宜采用大写英文字母或罗马字母表示,也可以自己设计个名字来命名。

如果所绘图纸有分区的必要,那么就要在图纸目录上设置"总平面分区索引图"。每一个分区都要在这个总图上找到位置,达到"索"的目的,从而有更加详细的图纸来阐述该项目的内容(见图 4-37)。

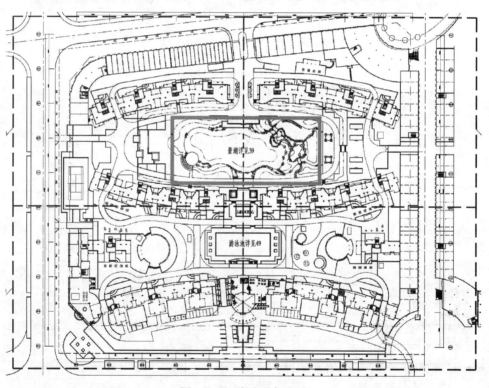

图 4-37 总平面索引图

"湖区"分区图里的索引就是把每个小节点的详细做法索引出来。分区图里的铺装要按照实际尺寸比例和铺装样式绘制。如果在分区里铺装图案还表达不清楚,那么还需要索引出来画铺装的平面大样。分区图里的网格还要根据总平面图的大网格方向来定等。要记住这种层层剖析的绘图关系,务必要把所要表达的东西毫无遗漏地准确地表达出来,如图 4-38~图 4-44 所示。

涉及字体的标注和出图比例的问题,将在下一节详细介绍。

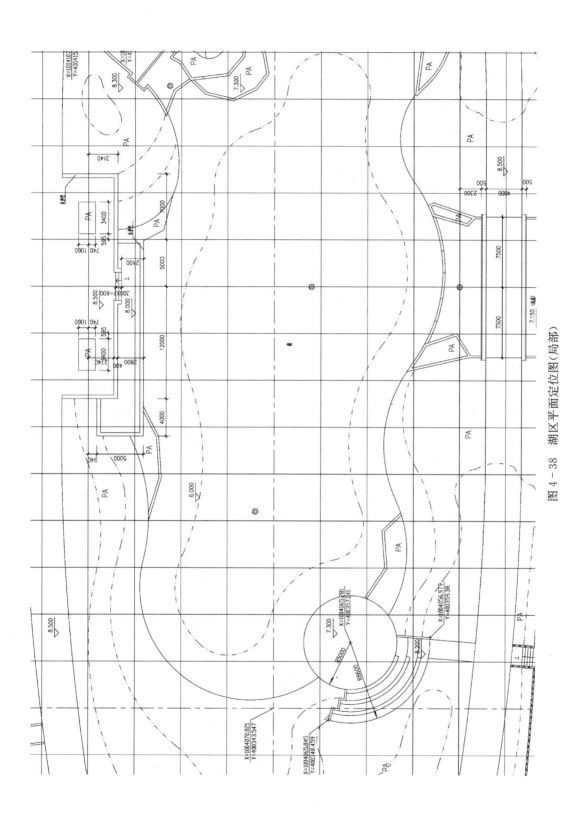

图 4 - 38　湖区平面定位图（局部）

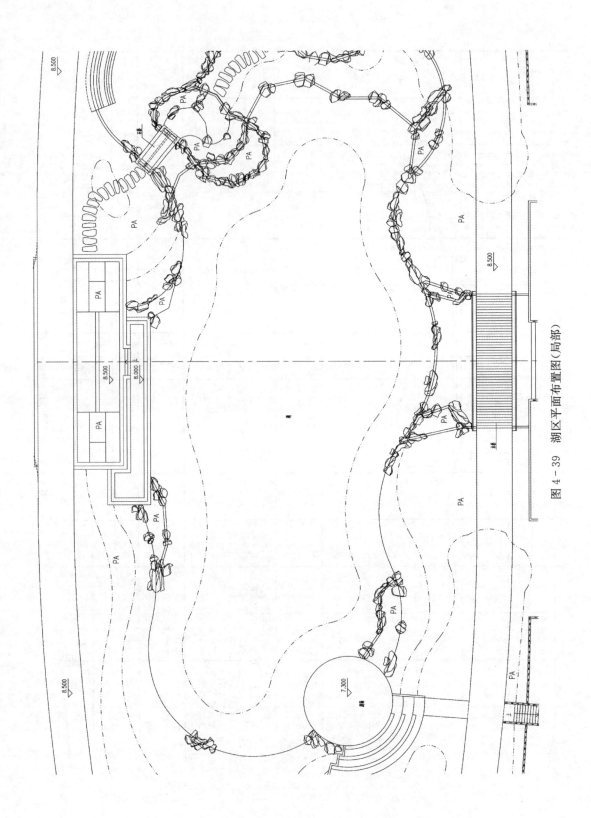

图 4 - 39　湖区平面布置图（局部）

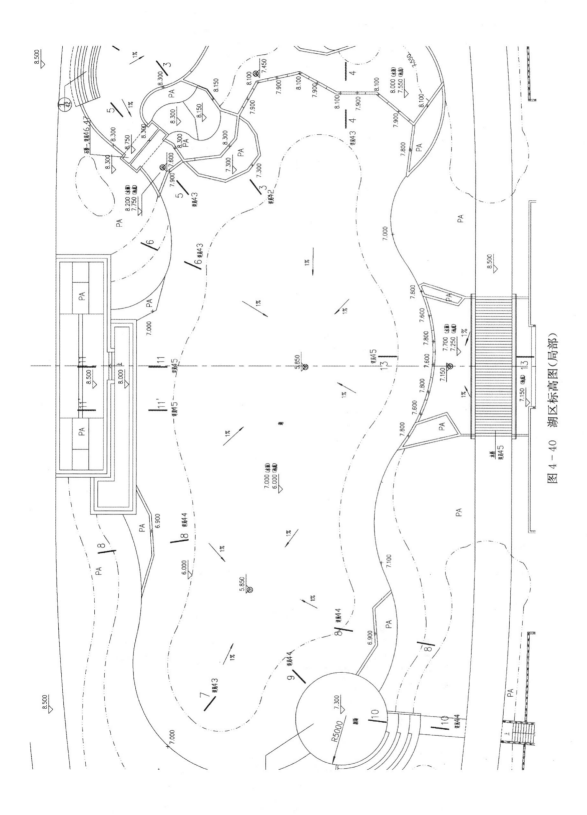

图 4－40　湖区标高图（局部）

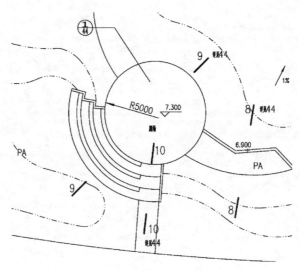

图4-41 详图索引

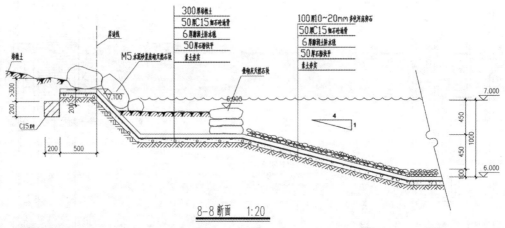

8-8 断面 1:20

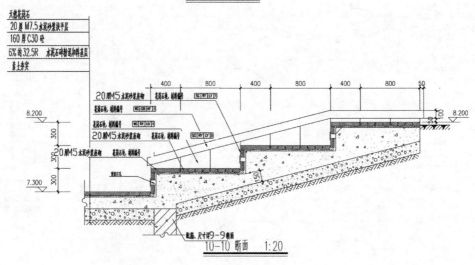

图4-42 湖区节点详图(一)

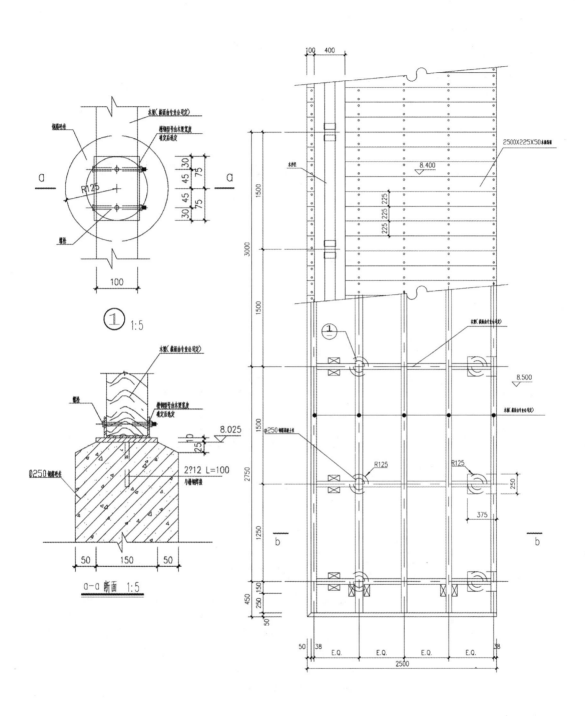

木浮台平面　　1:20

图 4-43　湖区节点详图(二)

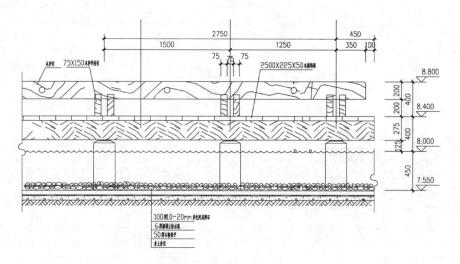

木浮台立面 1:20

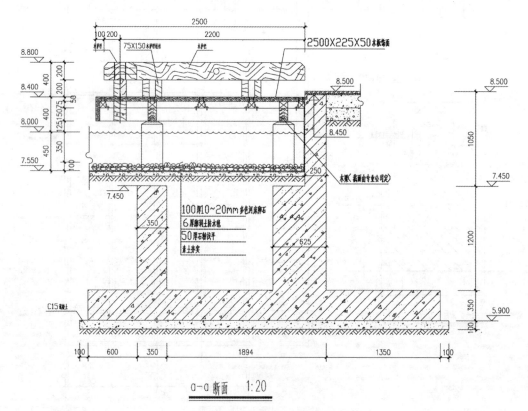

a-a 断面 1:20

图4-44 湖区节点详图(三)

## 习题及要求

(1) 掌握"外部参考"的具体运用方法。

(2) "索引符号"图块属性的编辑方法有哪些?

(3) 分区图的内容和绘制方法以及与总图直接的对应关系是什么?

# 第 5 章
# 局部铺装详图绘制

在详图绘制这一章节中,重点介绍了 CAD 中"模型空间"和"布局空间"的特点及设置方法,并以"住宅庭院铺地详图"为例,介绍住宅庭院各部分的铺地详图的绘制。

# 5.1　模型空间与布局空间设置

## 5.1.1　模型空间与布局空间简介

在讲解本章局部铺装图的绘制之前,我们需要先将模型空间与布局空间的设置进行讲解。前面的图纸绘制都是在模型空间绘制完成的,绘制的时候按照实际尺寸进行 1∶1 的绘制,然后根据项目的大小来布置图纸。

### 5.1.1.1　CAD 模型空间

就总图部分等较大图纸而言,可以在 CAD 模型空间中直接布图,方法是:

先在 CAD 模型空间按 1∶1 完成图形的绘制;再选择出图的图纸大小(如 A1、A2 等),根据图形与图纸尺寸相对大小确定出图比例 1∶$N$;然后绘制标准图纸图框(如 A2 的为 $594N \times 420N$,即将 A2 的尺寸放大 $N$ 倍),最后将图形移到图纸图框内。

在打印图纸时,以窗口形式设置"打印范围"选择图纸图框,设置打印比例为 1∶$N$;然后按打印,完成出图比例为 1∶$N$ 的设置。

### 5.1.1.2　CAD 布局空间:

先在 CAD 模型空间按 1∶1 完成图形的绘制;再选择图纸大小(如 A4 等),根据图形与图纸尺寸相对大小确定出图比例 1∶$N$;然后通过夹点编辑适当调整"视口"的大小,再绘制或插入合适的图框,插入标题等;最后在视口内用 ZOOM(输入比例因子为 $1/N$xp)或对象特性命令设置出图比例 1∶$N$。

在打印图纸时,设置打印比例为 1∶1,然后按打印,完成出图比例为 1∶$N$ 的设置。

## 5.1.2　模型空间与布局空间比较

一张图纸画好,究竟在模型空间里布图还是在布局空间里布图? 这首先要看绘图者的作图习惯。

同一个图形文件,在模型空间是按实际尺寸进行绘制的,图形绘制时不必考虑图形位置、比例等问题,如图 5-1 所示。

布局空间的功能是对图纸空间的图形经行排版,方便出图使用,如图 5-2 所示,为设置好比例和位置的布局空间,可与图 5-1 进行比较。

我们建议尽量在布局空间布图。因为在模型空间里布图,如果布置多个不同比例的图则要涉及改变比例的问题。同时还要注意字体的大小,防止由于图形比例的调整而使得字体不统一。如果应用布局空间,这样的问题会相应避免。

在模型空间布置图形时采用的方法,可以把一个准备布置的小分图做成块,然后按照图框比例缩放各个小图的比例;也可以不缩放比例,而在标注尺寸时,把标注样式的全局比例

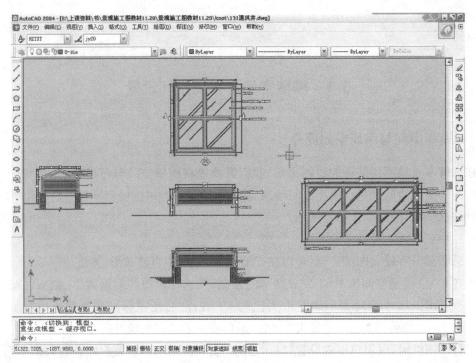

图 5-1　模型空间

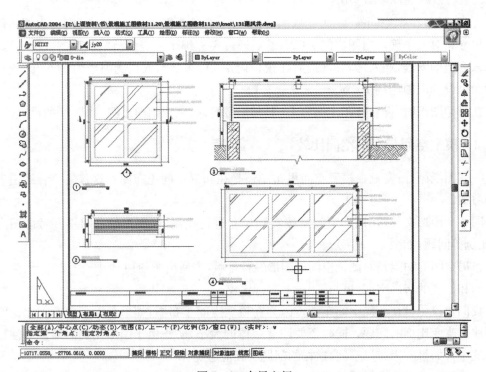

图 5-2　布局空间

改为出图比例,如图 5-3 所示,同样达到在模型空间布图的目的,但这些方法与在布局空间里布图和修改比较,显得较为麻烦。

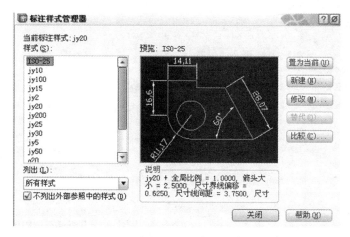

图 5-3　标注样式管理器

在布局空间布图,其所有的比例都是 1∶1 的,插入图框也是按 1∶1 的比例插入,如图 5-4 所示。模型选项卡可获取无限的图形区域。在模型空间中,按 1∶1 的比例绘制,最后的打印比例交给布局来完成。

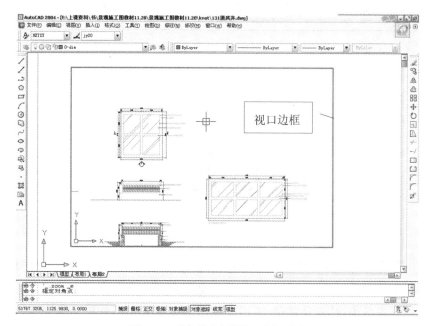

图 5-4　"布局空间"视口边框示意

### 5.1.3　布局空间设置方法

CAD 中有两个默认的布局,点击布局首先弹出一个页面设置的窗口,设置需要的打印机和纸张,如图 5-5 所示。默认的纸张很小,可根据实际出图的纸张大小进行设置,打印比

图 5-5　页面设置

例设置为 1：1。单击确定按钮后，布局空间就出现了一张尺寸为刚刚设置好的图纸。

我们也可以把鼠标放在 布局 图表上，单击右键如图 5-6 所示，在"页面设置"中进行上述设置。

新建布局(N)
来自样板(T)...
删除(D)
重命名(R)
移动或复制(M)...
选择所有布局(A)

激活前一个布局(L)
激活模型选项卡(C)

页面设置(S)...
打印(P)...

图 5-6　"页面设置"下拉列表

"视口"的创建就要在这张设置的图纸上完成。值得注意的是，如果不进行"页面设置"，那么其自动生成的页面背景往往尺寸很小。当然，即使是在布局空间中的灰色背景下布图，也不会影响最后的打印效果，只要输入的图框和比例正确就可以完成布局空间的布图工作。如果有的绘图者不习惯在白色的背景下绘制和布局图纸，我们也可以就布局空间的显示效果做相应的调整，以符合绘图者的要求。其方法是在模型空间中，在标题的"工具"栏下选择"选项"选项卡，弹出如下对话框（见图 5-7）。

单击"颜色"按钮，在布局项的颜色中选择"黑色"，如图 5-8 所示。在布局元素中，勾选掉"显示图纸背景"选项，即会得到理想的效果。

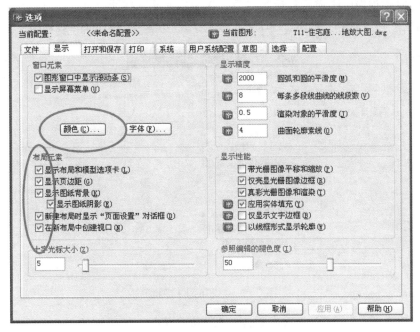

图 5-7　"选项"对话框

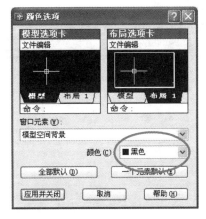

图 5-8　"颜色选项"对话框

下面就要在设置好环境的"布局空间"中布置图纸。

布局里面是按照 1∶1 的比例显示,所以在布局空间套图框也应该是按实际尺寸来布置。

1) 调入图框

图框就是出图的版面样式。有些景观设计公司会根据自己公司的出图风格而设计版面样式,所以形式会各种各样,但基本上的内容包含以下几点:工程名称、建设单位、工程编号、图名图号、时间、比例,专业阶段。其中会签栏里有:审核、校对、制图、设计总负责、专业负责等。

通常需要我们把特定的图框做成"块",放到某文件夹中,在使用的时候直接调用即可。

做好的"块"应该根据出图需要有相应的 A0、A1、A2、A3 等尺寸。

在"布局空间"内选取"插入"下的"块"选项,选择定义好的图框图块,如图 5-9 所示。

图 5-9 "块"的下拉列表

因为我们之前在"布局空间"的"页面设置"和现在调入的图框的大小是一致的,所以图框放进来之后应该与白色背景页面的大小一致,如图 5-10 所示。

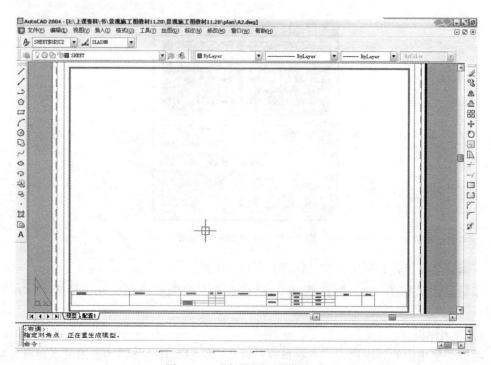

图 5-10 "布局空间"图框图示

2) 建立视口

图框插入后就需要在图框的空白区域新建"视口"(见图 5-11)。这里注意:如果"布局"

中有默认的视口,建议先删除。新建视口的方法为:在命令栏输入 MVIEW(快捷键 MV),然后回车,在图纸空白处拉出一个视窗框,视窗框的大小应该符合该图正确显示后的大小,当然,我们也可以在随后进行大小的调整。

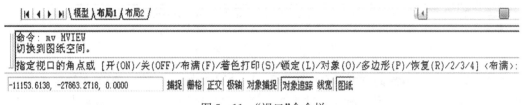

图 5 - 11　"视口"命令栏

在视窗框里双击鼠标左键,则表示进入视口,而双击视窗框外面则表示退出视口状态。注意在视窗框内与框外的转换很重要。要知道在视窗框内就相当于进入了模型空间,这时就可以对图纸内容进行修改和调整,一旦退出视窗框就回到了布局空间,对图形的修改就没有意义。视窗框内与视窗框外的转换的快捷键分别为"MS"和"PS"。

鼠标在刚才建立的视口内双击,进入视窗框内,然后在命令栏输入"Z"回车,继续输入"S"即比例,然后按照自己画图的需要布置多大的图纸。比如该图要出 1:50 的图,则在命令栏里输入:1/50XP,回车。那么视口的比例就是 1:50(见图 5-12),需要修改的话,直接转回到模型空间编辑修改。

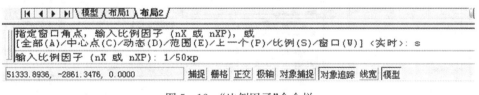

图 5 - 12　"比例因子"命令栏

3) 布图

进入视口状态后,滑动鼠标的滑轮,会发现比例不停地改变,这时,你可以根据上面的步骤,输入你要绘制的图的比例"1/50xp",然后回车,那么视口就转变到这个比例的图上,双击视口外面或者锁住视口,比例都不会改变了。布好的视口是可以移动的,当移动视口时,里面的图形相应跟着移动,而图形的相对位置和比例不会改变。视口窗最好要归在"Defpoints"这个名字的图层,而且不要改变该图层的名字,因为这个是 CAD 默认的在打印时不出现的图层。当然也可以放在专门的图层,最后关闭该图层即可。

图 5 - 13　显示锁定"下拉列表

4) 锁定

按照以上的步骤,我们已经安排好了布局空间的出图比例和位置。这个时候就要对视口窗进行锁定,这样才能保证不会在无意中进入视口,影响到比例的显示。方法是:选择视口窗,然后单击右键,锁定即可,如图 5-13 所示。

第二种方法是：在命令栏中输入"MV"后回车，输入"L"即锁定命令，回车输入"ON"，然后选择要锁定的视窗口，此时的视窗口已经被锁定，如图5-14所示。

```
命令：_.PSPACE
指定视口的角点或 [开(ON)/关(OFF)/布满(F)/着色打印(S)/锁定(L)/对象(O)/多边形(P)/恢复(R)/2/3/4]<布满>：1
视口视图锁定 [开(ON)/关(OFF)]：
```

图5-14  "视口锁定"命令栏

运用以上的方法，我们就可以在一张图上建立若干个视口，在同一张图上放置各种不同比例的图形，这在进行详图布图的时候非常重要。因为详图的布图往往是集中在一张图纸上又以各自不同的比例显示的。

图5-15为布好图的"详图图纸"，"视口"图层没有关闭，可以清楚地看到一张图纸上被安排了很多的"视口"，分别以不同的比例显示。

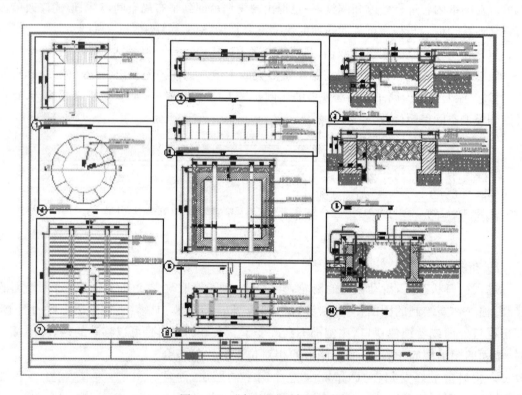

图5-15  "布局空间"布图示意

## 5.2  住宅庭院铺地详图

前面我们已经讲过分区图的定义和绘制方法，即在总的平面图里划分若干个局部，然后再进行局部详细绘制。

分区的意义是当一个项目比较大而且设计内容较多,单凭一张总图不能清楚地表达所有内容时,需要将总图划分为若干个分区图,分区范围用粗虚线表示。

　　这里需要注意的是:分区图是把各个分区及必要节点的详细做法绘制出来。而分区图里的铺装需要按照尺寸比例和相关材料样式表达出来,如果在分区里铺装图案还表达不清楚,那么就需要索引出来画铺装的平面详图。

　　铺装施工图可分为如下几类:

　　(1) 铺装分区平面图。详细绘制各分区平面内的硬质铺装花纹,详细标注各铺装花纹的材料材质及规格。重点位置平面索引。指北针。图纸比例:1∶500、1∶250、1∶200、1∶100 或 1∶300、1∶150。

　　(2) 局部铺装平面图。铺装分区平面图中索引到的重点平面铺装图,详细标注铺装放样尺寸、材料材质规格等。图纸比例:1∶250、1∶200、1∶100 或 1∶300、1∶150。

　　(3) 铺装局部详图。详细绘制铺装花纹的详图,标注详细尺寸及所用材料的材质、规格。图纸比例:1∶50、1∶25、1∶20、1∶10 或 1∶30、1∶15。

　　(4) 铺装详图。室外各类铺装材料的详细剖面工程做法图、台阶做法详图、坡道做法详图等。图纸比例:1∶25、1∶20、1∶10、1∶5,或 1∶30、1∶15、1∶3。

　　这里就"住宅庭院铺地详图"进行详细介绍。

　　"铺地详图"的绘制方法与分区平面图和分区详图的绘制方法基本一致,即以"总平面图"或"分区平面图"为"外部参照",绘制时只需将需要表示的区域相关信息表达完整。(参见第四章"外部参照"讲解)。

　　在"铺地详图"中重点要表示出铺装材料的具体信息和铺地做法,本套图纸的"铺地详图"是以"材料信息图块"和"索引符号"完成绘制要求的。

　　图中 | BP | BF | NA | 1 | 即为"材料信息图块",在不同区域用引线引出,对应不同的代码。图块中四个分块分别代表四个材料信息,以此图块为例,四个分块分别代表"材料代码"、"颜色代码"、"完成面代码"、"尺寸代码",具体代码所对应的信息,可参见第二章中"总平面物料图"中"材料表"。

　　关于"材料信息图块"的绘制方法,可参照第四章中关于"索引符号"绘制方法的详细讲解,以定义图块属性。

　　其次,在"铺地详图"中出现最多的即为"索引符号"如 ③／T23,代表"详图符号" ③ 在图纸"T23"页。

　　当然,每一张"铺地详图"也都与"分区平面图"以索引符号的形式连接,以方便图纸的翻阅。

　　以下即为各"铺地详图"的平面图(见图 5-16～图 5-20)。需要注意的是,某一块铺装区域的"图案填充"不一定要将该区域填满,可用曲线做相应的省略。

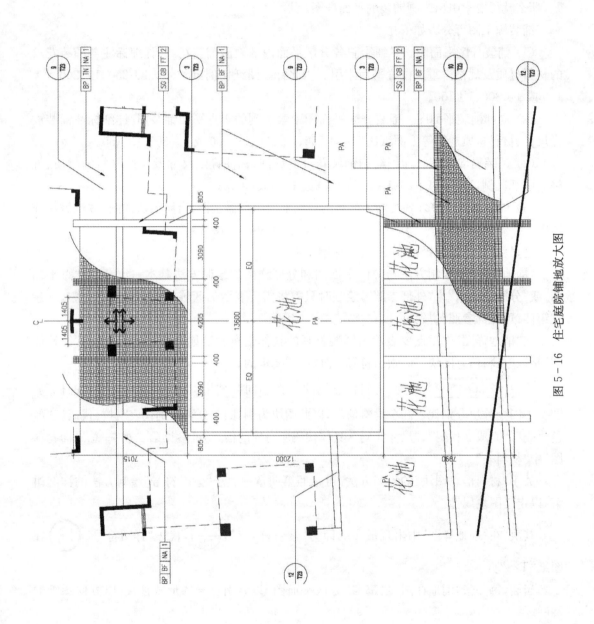

图 5 - 16　住宅庭院铺地放大图

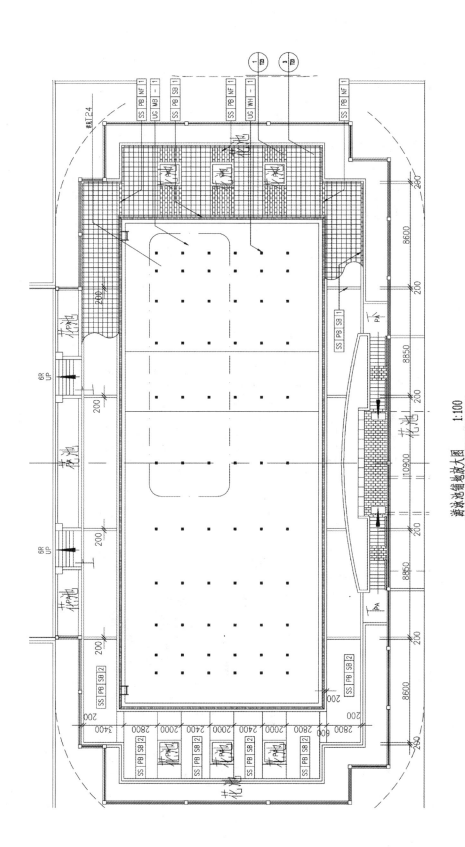

游泳池铺地放大图　1:100

图5－17　游泳池铺地放大图

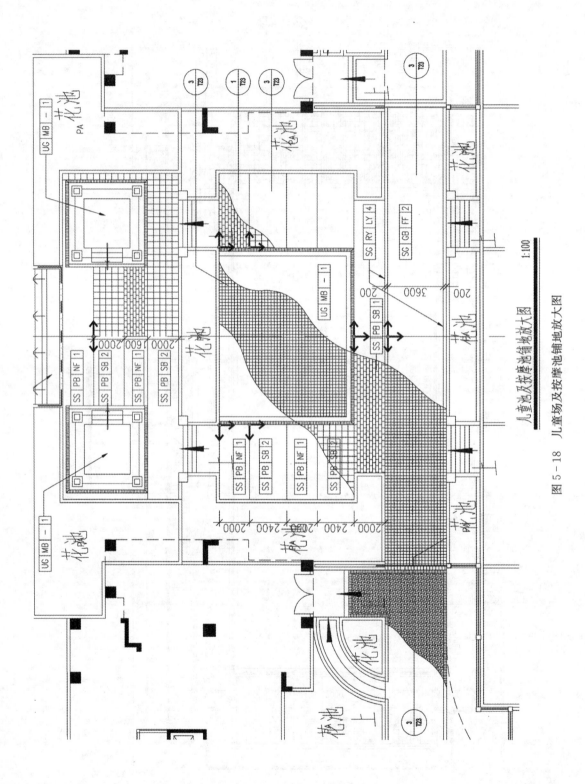

儿童场及按摩池铺地放大图

图 5-18　儿童场及按摩池铺地放大图

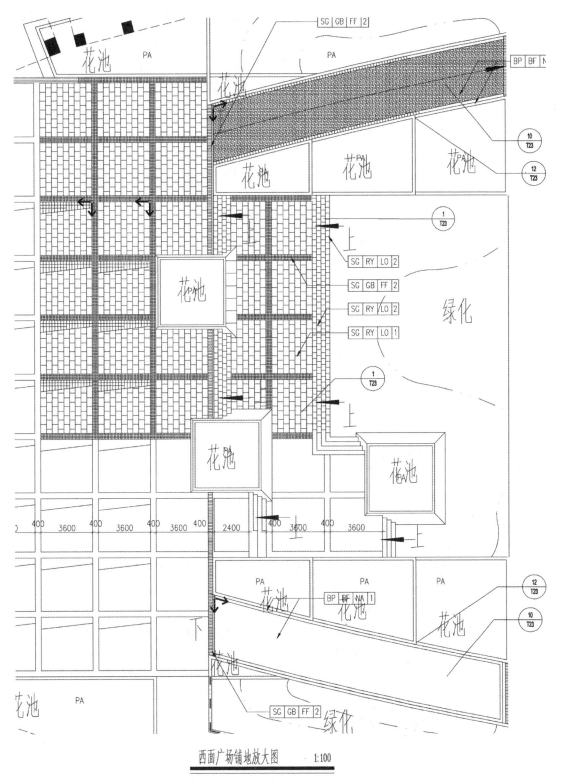

西面广场铺地放大图　　　　1:100

图 5 - 19　西面广场铺地放大图

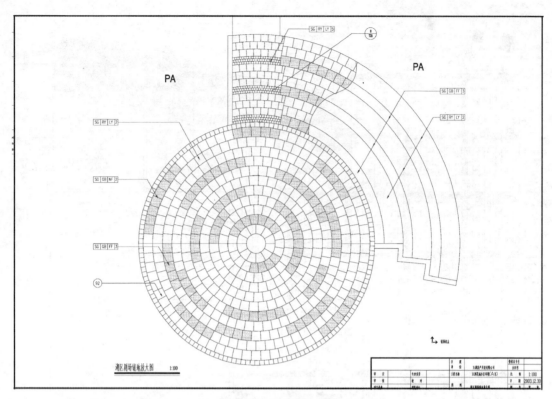

图 5-20　湖区剧场铺地放大图

这里需要介绍一下环形铺张的绘图方法。

关于环形铺装的绘制方法有很多种，可以运用"环形阵列"的方法，绘制出铺砖的砖缝线，但是在进行铺装详图绘制的时候，需要按照实际铺装材料的尺寸进行绘制，这就要求我们要对"阵列"的数量和间距进行计算，带来诸多不便。这里运用"定距等分"的命令进行绘制，可以提高绘图效率。

首先将环形的"同心圆"图形按实际尺寸绘制完成。每一圈内铺砖的砖缝线需要分别绘制。方法是先绘制一条垂直于两段圆环间的线段，并将其定义为"块"。后面的"定距等分"就是将此块进行等距排列。如将块定义为"111"。

在命令栏输入命令"me"，即"定距等分"命令，根据提示，选择需要等分的圆形线条。然后需要选择"块"命令"B"，回车后输入块的名称"111"，如图 5-21 所示。

```
选择要定距等分的对象：
指定线段长度或 [块(B)]：b
输入要插入的块名：111
```

图 5-21　"定距等分"命令栏

在"是否对齐块和对象"中选择"是"，即输入"Y"，回车后输入间距数值，例如"500"，继续回车后观察图形，"111"块已经沿着圆形等距排列。图 5-22 为各区域铺装通用图。

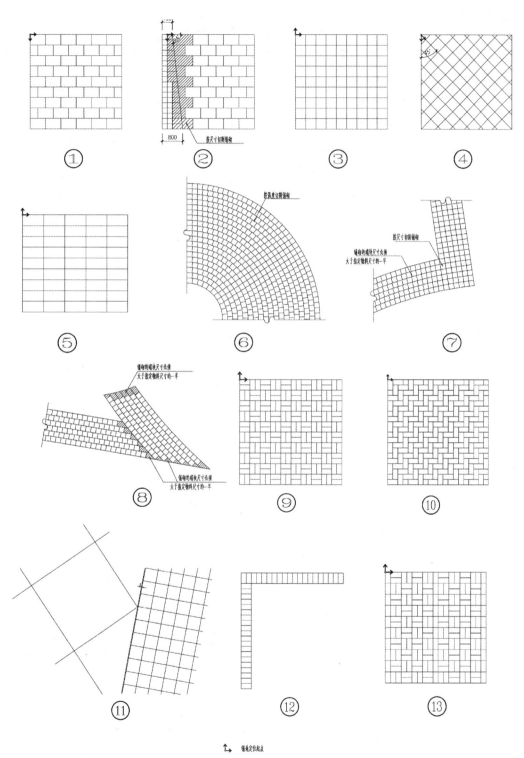

图 5-22　铺装通用图

**习题及要求**

........................................................................................

（1）了解"模型空间"与"布局空间"的设置方法，掌握在"布局空间"中布置多个详图的布图方法。

（2）掌握铺装详图的绘图方法。

（3）掌握"环形"铺装的绘制方法。

# 第 6 章
# 详图绘制

本章重点介绍"标注样式"在"模型空间"与"布局空间"的不同设置方法,包括文字的输入方法。同时,列举了部分详图以供参考。

## 6.1 详图的绘制

　　详图的绘制包括室外工程及园林建筑小品,具体设计规范可以参考国家建筑标准设计图集《02J003》、《03J012－1》和《04J012－3》等环境景观标准图集。由于标准图集多数是比较基础的、保守的施工做法,随着城市建设的发展以及新材料新工艺的日新月异,施工图设计师应该根据实际情况来绘制施工详图,多去材料市场和施工现场了解新的施工工艺,提高专业知识和技术水平。

　　室外工程的详图要根据我国地区南北差异,各地构造做法不同,面层选材、外饰面颜色以及材料间的驳接方式不同来绘制,比如道路路面构造、路缘石、花坛做法及台阶构造做法等。

　　园林建筑小品包括平面(具体尺寸及定位)、立面(饰面材料及竖向标高)、剖面(基础构造做法及具体尺寸标注)和结构配筋图。对于比较重要的节点,还需要出节点放大详图,把微小的材料尺寸与结构做法表达清楚。

　　这里举个圆形树池的详图做法:

　　如图6－1所示,先把树池的平面图里的尺寸、材质和剖切符号等表达清楚。

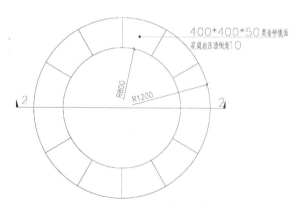

**圆形树池平面图 1:30**

图6－1 圆形树池平面图

　　图6－2表达树池的正立面或侧立面,如果该小品正面和背面的设计不一样,则需要背立面图加以辅助。立面图上主要表达竖向和材质。

　　表达树池与场地的关系,主要是剖面图(见图6－3),交待该树池的基础与构造做法。如结构层的尺寸,节点变化部位的尺寸,面材与基础材料的名称等。值得注意的是,剖面图的填充图例应做到统一和规范,一方面利于画图的工整,另一方面则是方便施工人员看图。

　　最后,要把在模型空间中绘制好的各个详图,在布局空间中统一安排出图比例,如图6－4所示。

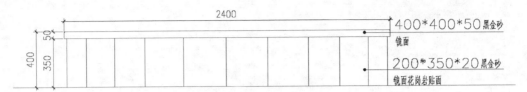

**圆形树池立面图 1:20**

图 6-2　圆形树池立面图

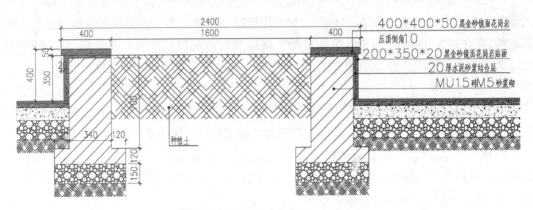

**圆形树池 2-2 剖面图 1:20**

图 6-3　圆形树池剖面图

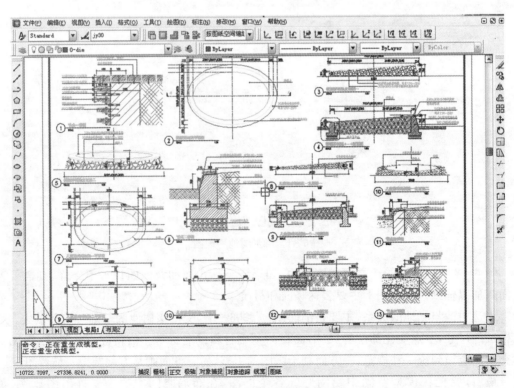

图 6-4　"布局空间"详图布局示意

总之,详图的绘制目的是设计施工的可行性操作,有时候园建小品结构比较复杂,一个剖面图不能全部表达清楚,需要在不清楚的地方加以索引,再放大画详细的结构,遇到与水、电相关的地方,则以水电施工图为主,详图中加以说明即可。

## 6.2　详图尺寸的标注

### 6.2.1　模型空间尺寸标注

在施工详图的绘制中,根据出图比例的不同,在模型空间中,其每个详图的尺寸标注的大小是不一样的,这就要根据其比例设置相应的标注形式,这样才能保证这些详图在布局空间中能够显示统一的标注尺寸大小。当然,绘图者也可以将模型空间的详图统一安排在布局空间中,然后在布局空间标注尺寸。这主要依照绘图者的绘图习惯来确定。下面我们就详细介绍一下尺寸标注的设置。

尺寸标注包括尺寸线、尺寸界线、尺寸文本以及箭头,它们的式样、大小,以及它们之间的相对位置,都是可以利用相应的命令或对话框进行设置,从而满足不同比例情况下的不同需要。具体操作过程是:在命令栏中输入命令"D"回车,AutoCAD 会出现"尺寸标注样式管理器"对话框,如图 6 - 5 所示。

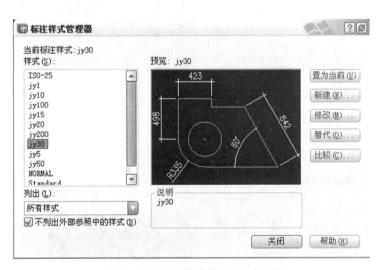

图 6 - 5　"标注样式管理器"对话框

点击"新建"按钮,将出现图"创建新的尺寸标注样式"对话框。按照不同的比例,为其命名,然后单击"继续"按钮,出现"新建标注样式"对话框,如图 6 - 6 所示。

按照前面我们讲到过的绘图标准,设置文字的高度和相应数值的大小。一般设定字体高度为 2.500 0,即打印出图时为 2.5 mm。同时,根据需要设置比例因子,设定完成后,点击保存。这样,以后在使用相同比例的时候,便可以重复使用,从而提高作图效率,如图 6 - 7、图 6 - 8 所示。

景观施工图识图与绘制

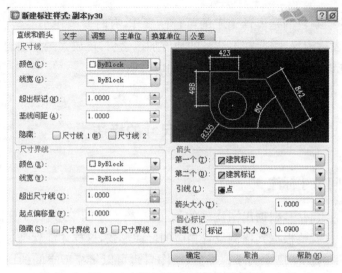

图 6-6 "新建标注样式"对话框

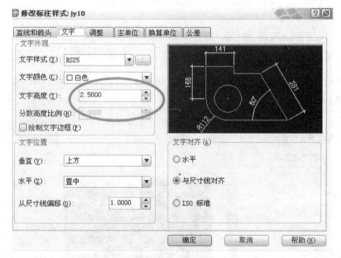

图 6-7 修改"文字高度"

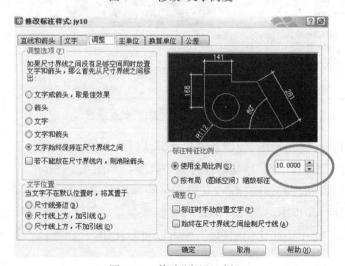

图 6-8 修改"全局比例"

### 6.2.2　布局空间尺寸标注

　　根据绘图需要或作图习惯的不同,也可以在布局空间中完成尺寸的标注。在模型空间里的图是按照 1：1 来绘制,图形的尺寸是不变的,是符合实际的。需要改变的是字体和尺寸文字的比例。而在布局里面标注尺寸的好处就是不会改变比例,因为布局空间中的尺寸即为出图尺寸,所以不用担心出图的字体大小会因比例不同而发生变化,需要改变的是"比例因子",以便我们能够根据图形的实际尺寸绘制出正确的标注,否则在布局空间所测量出的尺寸就非实际尺寸。

　　方法是先将图形在布局空间中布好图,即按照各自的比例正确显示之后,将"视口"锁定并隐藏。新建一个图层作为"标注图层",打开"标注样式管理器"。将"全局比例"取消,改成"按布局缩放标注",如图 6－9 所示。

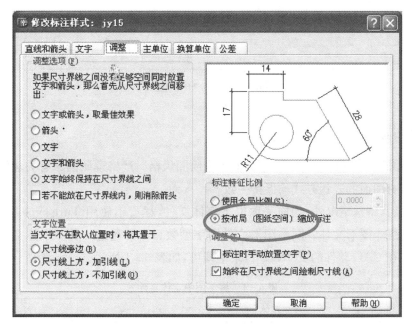

图 6－9　选择"按布局缩放标注"

　　设置完成后,将字体高度设为 2.5 mm,这样直接在图形上进行标注就可以了。要注意的是:这时一定要将"捕捉"工具打开,因为在使用对象捕捉的情况下,标注模型空间的物体就会使用模型空间的实际尺寸,如果没有使用对象捕捉,则标注的是图纸空间的尺寸。

　　当然我们也可以设置"比例因子"来标注出正确的尺寸标注。如果在布局空间进行标注时没有以模型空间的实际尺寸显示,需要把"比例因子"改为所标注图形的出图比例。方法为:

　　打开"标注样式管理器",在"主单位"选项下,将"测量单位比例"下的"比例因子"改为图形的出图比例,这样在布局空间标注出的尺寸即为图形实际尺寸,如图 6－10 所示。

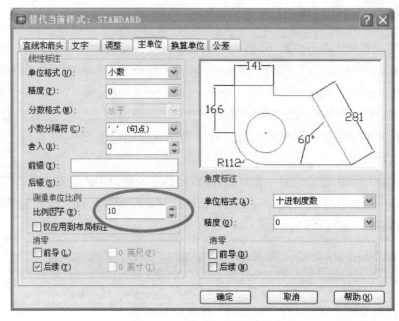

图 6-10　修改"比例因子"

### 6.2.3　文字输入

施工图中的文字应清晰、统一，不提倡个人绘图风格。严格遵照国家有关建筑制图规范制图，要求所有图面的表达方式均保持一致。

除投标及其特殊情况外，均应采取以下字体文件，尽量不使用 TureType 字体，以加快图形的显示，缩小图形文件。同一图形文件内字型数目不要超过 4 种。字体文件为标准字体，将其放置在 CAD 软件的 FONTS 目录中即可，如表 6-1 所示。

表 6-1　施工图中字体文件

| Romans. shx | 西文花体 | st64f. shx | 汉字宋体 |
| --- | --- | --- | --- |
| romand. shx | 西文花体 | ht64f. shx | 汉字黑体 |
| bold. shx | 西文黑体 | kt64f. shx | 汉字楷体 |
| txt. shx | 西文单线体 | fs64f. shx | 汉字仿宋 |
| simpelx | 西文单线体 | hztxt. shx | 汉字单线 |

图纸的修改可以版本号区分，每次修改必须在修改处做出标记，并注明版本号。方案图或报批图等非施工用图版本号：第一次图版本号为 A；第二次图版本号为 B；第三次图版本号为 C。施工图版本号：第一次出图版本号为 0；第二次修改图版本号为 1；第三次修改图版本号为 2。简单或单一修改使用变更通知单。

汉字字型优先考虑采用 hztxt. shx 和 hzst. shx；西文优先考虑 romans. shx 和 simplex 或 txt. shx。所有中英文之标注如表 6-2 所示。

表 6-2　常用字型表

| | 图纸名称 | 说明文字标题 | 标注文字 | 说明文字 | 总说明 | 标注尺寸 |
|---|---|---|---|---|---|---|
| 用途 | 中文 | 中文 | 中文 | 中文 | 中文 | 西文 |
| 字型 | St64f. shx | St64f. shx | Hztxt. shx | Hztxt. shx | St64f. shx | Romans. shx |
| 字高 | 10 mm | 5.0 mm | 3.5 mm | 3.5 mm | 5.0 mm | 3.0 mm |
| 宽高比 | 0.8 | 0.8 | 0.8 | 0.8 | 0.8 | 0.8 |

注:中西文比例设置为 1:0.7,说明文字一般应位于图面右侧。字高为打印出图后的高度。

当然表 6-2 中的字高是打印后的实际尺寸。如果是在布局空间标注,那么,直接输入相应的字高就可以了。如果是在模型空间标注,就需要根据绘图的比例来控制字体的大小,方法是用字高乘以出图比例。比如出图比例为 1:20,说明文字的字高为 3.5 mm,那么在模型空间,图中的标注文字大小就是 3.5×20 = 70 mm。

一般来说,尺寸标注是在模型空间完成的。而图纸下面的图名可以在布局里面完成,如果下面名称是 10 mm,直接输入 10 mm 的字高。

一般标注及说明文字的字高为 3.5 mm 和 2.5 mm 两种,图幅为 A2 及以上大小时用 3.5 mm 字高,图幅为 A3、A4 时用 2.5 mm 字高。

这里就要介绍文字的输入方法。

Text 命令是最简单的文本输入和编辑格式,在命令栏中输入"Text"或"T"回车,此时的命令栏里会要求输入"文本行基线的起点位置"和"文本行基线的终点位置",在绘图区域中框选出文本框范围,然后在弹出的对话框中输入所需的文字,设定文字的字体、高度和颜色,如图 6-11 所示。

图 6-11　"文字输入"设置

执行 Text 命令时,若想输入更多行的文本,只需要在每一行末尾按回车键即可。在下一行的起始位置上出现小光标,表明也可继续输入文本。

在实际的工程绘图中,难免需要标注一些特殊字符。而这些字符不能够从键盘上直接输入,这时可以用各种控制码来满足这一要求。控制码一般由两个百分号(%%)和一个字母组成。它们具体的符号以及含义如下:

(1)%%o　可以通过该控制码添加文本的上划线,如 36.63 是利用该控制码在文本"36.63"上添加上划线后的效果。该控制码是切换开关,第一次输入此控制码是打开上划线,第二次输入此控制码是关闭上划线。

(2)%%u　可以通过该控制码添加文本的下划线,如 36.63 是利用该控制码在文本"36.63"上添加下划线后的效果。该控制码是切换开关,第一次输入此控制码是打开下划线,第二次输入此控制码是关闭下划线。

（3）%%d　可以利用该控制码在文本中添加"°"角度符号。如36.63'是在文本"36.63"中添加"°"符号后的效果。

（4）%%p　可以利用该控制码在文本中添加"±"正负公差符号。如36.63±.1是在文本"36.63"中添加"±"符号后的效果。

（5）%%c　可以利用该控制码在文本中添加"Φ"直径符号。如Φ36.63是在文本"36.63"中添加"Φ"直径符号后的效果。

（6）%%%　可以利用该控制码在文本中添加"%"符号。如36.63%是在文本"36.63"中添加"%"符号后的效果。

如果需要对输入的文字进行修改，绘图者可以在文字的地方双击，会自动弹出"编辑文字"对话框，如图6-12所示。

图6-12　"编辑文字"设置

图6-13～图6-16为本套施工图中的"通用节点详图"，每张图所在的图纸编号如"T04"等都应与前面图纸中的"索引符号"所指向的图纸相对应。有的详图则为本张图纸所引出的，如图6-15、图6-16所示。"通用节点详图"中有些"详图"，如"台阶做法"或"排水沟做法"在整个项目施工中可能多次出现，绘制时只要将相同做法的位置设置"索引符号"指向同一个详图即可。这也是之所以叫"通用详图"的原因。

下面各个详图是在"通用节点详图"中节选的，仅以此为例作为了解。

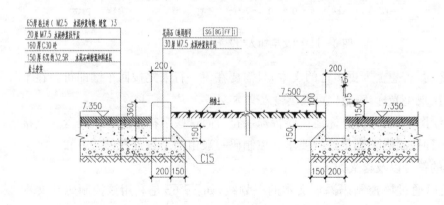

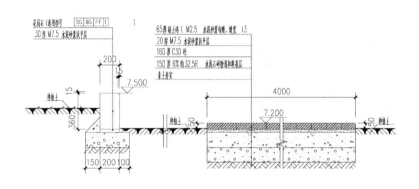

②　1:20

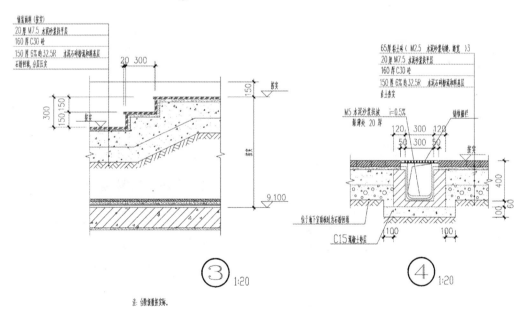

③　1:20

④　1:20

注：台阶级数按实际.

图 6-13　详图(一)

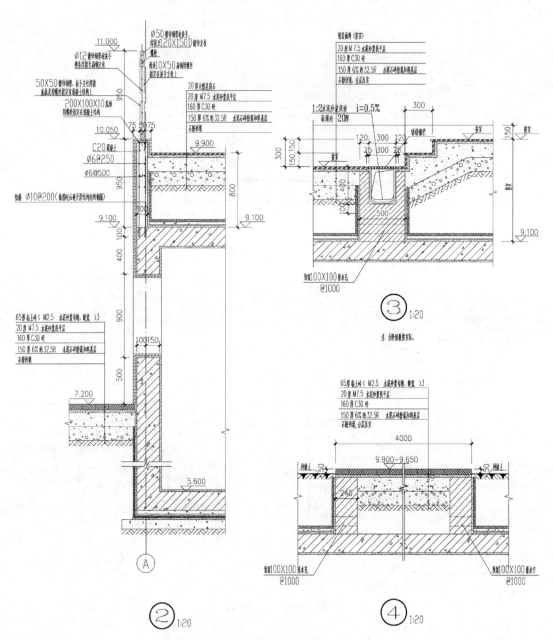

图 6-14  详图(二)

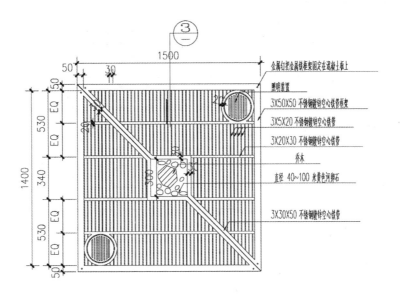

② 硬铺地乔木种植平面大样图　　　1:20

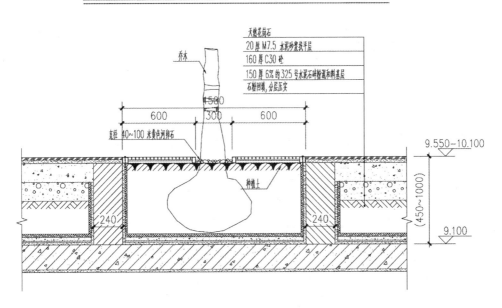

③ 硬铺地乔木种植树槽大样图　　　1:20

图 6-15　详图（三）

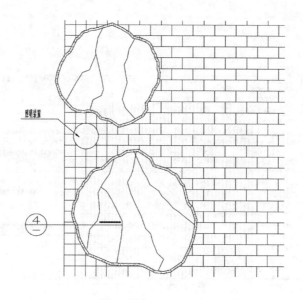

③ 石凳平面图　　1:20

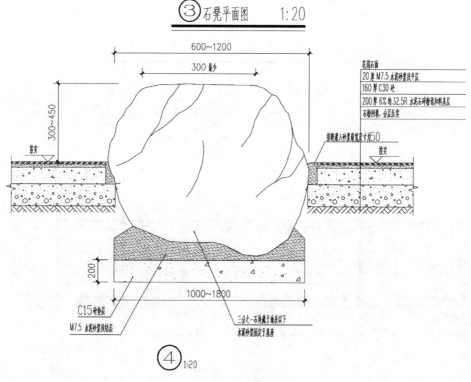

④ 1:20

图 6-16　详图（四）

## 习题及要求

(1) 掌握"模型空间"的标注样式。

(2) 掌握"图纸空间"的标注样式。

(3) 掌握特殊符号的输入方法。

(4) 了解详图图纸的具体绘制内容。

# 第7章
# 电气及给排水部分图纸绘制

初步了解景观施工图中电气部分图纸所包含的
内容，以及读懂给排水施工图纸。

# 7.1　照明电气施工图

在一套完整的景观项目施工图中,关于电气和给排水等专业图纸都需要有相关专业的工程师配合完成。本书就这一部分的图纸进行简单的说明,目的是初步了解景观施工图中电气部分图纸所包含的内容,以及读懂给排水施工图纸。

电气施工图内容:

(1)电气设计说明及设备表。详细的电气设计说明;详细的设备表,标明设备型号、数量、用途。

(2)电气系统图。详细的配电柜电路系统图(室外照明系统、水下照明系统、水景动力系统、室内照明系统、室内动力系统、其他用电系统、备用电路系统),电路系统设计说明。标明各条回路所使用的电缆型号、所使用的控制器型号、安装方法、配电柜尺寸。

(3)电气平面图。在总平面图基础上标明各种照明用、景观用灯具的平面位置(见图7-1)及型号、数量,线路布置,线路编号、配电柜位置,图例符号及指北针。图纸比例:1∶2 000、1∶1 500、1∶1 000、1∶500或1∶800、1∶600。

(4)动力系统平面图。在总平面图基础上标明各种动力系统中的泵、大功率用电设备的名称、型号、数量、平面位置线路布置、线路编号、配电柜位置,图例符号及指北针。图纸比例:1∶2 000、1∶1 500、1∶1 000、1∶500或1∶800、1∶600。

(5)水景电力系统平面图。在水体平面中标明水下灯、水泵等的位置及型号、标明电路管线的走向及套管、电缆的型号,材料用量统计表及指北针。图纸比例:1∶500、1∶250、1∶200、1∶100、1∶50或1∶300、1∶150。

以本书案例为例,此案例包括室外园景灯具目录表(按各个分区):该项目灯具的样式、类型、规格及布置位置,如表7-1所示;小区照明平面图:主要是在总平面图上标注出各种类型灯具的位置、联结方式、配电箱数量、形式规格等,如图7-2所示。

| 图例 | 名称 | 规格 |
|---|---|---|
| ◉ | 4.5米庭园灯柱 | 150　W |
| ▲ | 7米網球場射燈 | 1000W |
| ⊟ | 特色射燈 | 250W |
| ◉ | 庭園低燈 | 70W |
| ⊕ | 圍欄掛燈 | 18W |
| ⊢⊣ | 蔭棚/涼亭樹燈 | 18W |
| △ | 樹燈 | 120W |
| ▭ | 入牆燈 | 70W |
| ― | 台階入牆燈 | 9W |
| ▲ | 水池燈 | 9W　24V |
| ▲ | 水池燈 | 120W　12V |
| ▲ | 泳池燈 | 300W |
| • | 藏地樹燈 | 70W |
| ▣ | 特色柱燈 | 100W |
| ⊢◉ | 7米街柱燈 | 250W |

图 7-1　灯具图例

景观施工图识图与绘制

## 表7-1 灯具目录表

A 区-室外园景灯具目录表
Site A - External Landscape Lighting Schedule

项目名称 /

工程编号 /

| 代号<br>KEY | 内容/型号<br>DESCRIPTION/MODEL NO. | 位置<br>LOCATION | 灯泡类别<br>LAMP TYPE | 颜色<br>COLOUR | 防水防尘度<br>IP RATING |
|---|---|---|---|---|---|
| LT-1 | 街柱灯 Landscape Pole Light<br>Model No：LPH7204<br>Lamp Pole：4.5 m Pole Height | 人行路<br>Pathway | 高压钠胆<br>SON 150W | 黑<br>Black | 55 |
| LT-2 | 网球场射灯 Tennis Court FLood Light<br>Model No：FLB2004<br>Lamp Pole：7 m Pole Height | 网球场<br>Tennis Court | 高压钠胆<br>SON 1 000W | 黑<br>Black | 55 |
| LT-3 | 特色射灯-种类二 Feature Flood Light<br>Model No.：JET5003 | 入口特色景墙<br>Entrance Feature Wall | 管型高压钠胆<br>SON-T 250W | 黑<br>Black | 65 |
| LT-4 | 庭园底灯 Bollard Light<br>Model No.：CTM029-6 | 入口花槽<br>Tower Entrance Planter | 高压钠胆<br>SON 70W | 银灰<br>Silver Grey | 55 |
| LT-5 | 挂灯 Column Mounted Downlight<br>Model No.：CTM 021-W | 围栏柱<br>Fence Column | 高压钠胆<br>PLC 18W | 黑<br>Black | 55 |
| LT-6 | 挂灯 Column Mounted Downlight<br>Model No.：CTM 021-W | 荫棚/凉亭<br>Trellis/Pavilion Column | 高压钠胆<br>PLC 18W | 黑<br>Black | 55 |
| LT-7 | 树灯 Tree Uplitht<br>Model No.：LSD 1101 | 样板房种植区<br>Feature Planters | 石英射胆<br>PAR 38 120W | 黑<br>Black | 55 |
| LT-8 | 入墙灯 Recess Wall Litht<br>Model No.：S.4640 | 墙/花槽<br>Wall/Planter | 高压钠胆<br>HQI-TS 70W | 黑<br>Black | 65 |
| LT-9 | 入墙台阶灯 Recess Step Litht<br>Model No.：LWM 1332 | 台阶<br>Steps | 节能管<br>9W PL | 黑<br>Black | 55 |
| LT-10 | 水池灯 Underwater Light<br>Model No.：U1j1001 | 水池<br>Water Feature/Lake | 低压石英射胆<br>24V PAR38 120W | 金<br>Gold | 68 |
| LT-11 | 水池灯 Underwater Litht<br>Model No.：ULP1001 | 水池<br>Water Feature/Lake | 低压石英射胆<br>12V PAR56 300W | 银灰<br>Stainless Steel | 68 |
| LT-12 | 泳池灯 Swimming Pool Underwater Light<br>Model No.：ULP1001 | 泳池<br>Swimming Pool | 低压石英射胆<br>12V PAR56 300W | 银灰<br>Stainless Steel | 68 |
| LT-13 | 藏地树灯 Tree Uplitht<br>Model No.：S4922 | 售楼处广场<br>Sales Office Corner | 金属卤素胆<br>CDM-T 70W | 银灰<br>Stainless Steel | 67 |
| LT-14 | 特色柱灯 Feature Pole Light<br>Model No.：CLI GGE 608 | 售楼处广场<br>Sales Office Corner | 金属卤素胆<br>Metal Halide-100W | 银灰<br>Stainless Steel | 44 |

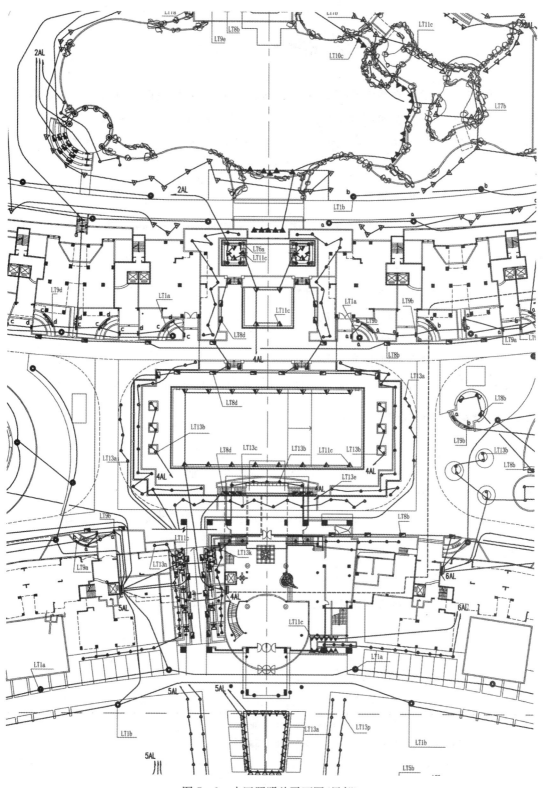

图 7-2　小区照明总平面图(局部)

## 7.2　给排水部分施工图

给排水施工图或灌溉系统平面图包括：分区绘制灌溉系统平面图，详细标明管道走向、管径、喷头位置及型号、快速取水器位置、逆止阀位置、泄水阀位置、检查井位置等，材料图例，材料用量统计表，指北针。常用图纸比例：1∶500、1∶250、1∶200、1∶100 或 1∶300 、1∶150。

### 7.2.1　喷灌图、给排水图

以本书案例（五洲花城）为例，此部分图纸包括喷灌图、给水图和排水图。主要表达以下内容：

(1) 喷头的样式、位置。

(2) 给水、排水管的布设、管径、材料等。

(3) 检查井、阀门井、排水井、泵房等。

(4) 与供电设施相结合。

(5) 各个水景节点给排水详图。

这些图纸的绘制都需要有相关专业的工程师配合，从而完成最终的施工图绘制过程。

### 7.2.2　给水图设计说明

图 7-3 中给水说明：

(1) 本小区给水管采用球墨铸铁给水管，法兰连接；泳池，人工湖，喷水景点和给水 PVC 管，粘接，埋深 0.4 米。

(2) 小区给水管道为生活与消防合用，供单体用水、室外消火栓、泳池、人工湖、喷水景点和绿化等用水。

(3) 图例。

| | |
|---|---|
| ·············· | 已设计给水管道 |
| —————— | 本图设计给水管道 |
| ▷◁ | 闸阀 |
| ▶ | 水表 |
| ⊕ | 灌溉水龙头（带截止阀） |

(4) 泳池，人工湖，喷水景点给水从就近给水主管上驳接，具体布管另详工艺图。

(5) 室外管道敷设须用沙石垫层，夯实后才能埋管。

(6) 灌溉水龙头位置可根据具体情况现场调整。

(7) 未尽事宜详有关施工规范。

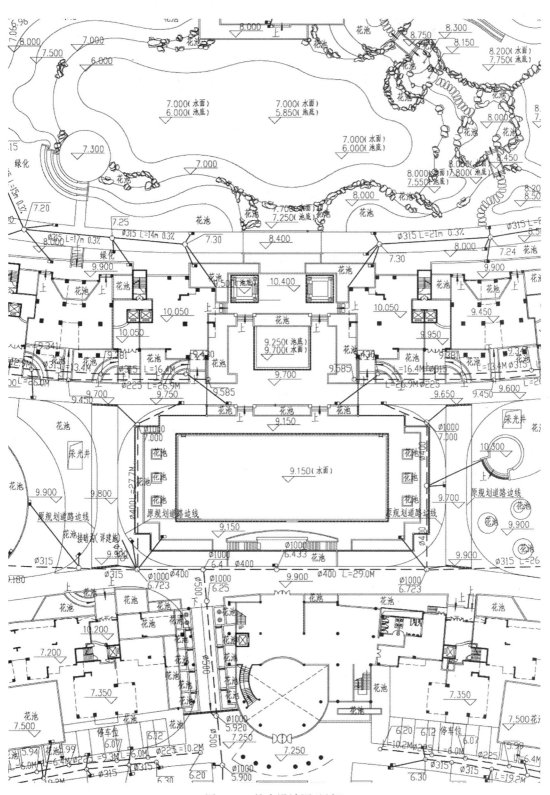

图 7-3　给水设计图（局部）

### 7.2.3 排水图设计说明

图 7-4 中排水设计说明：

（1）小区雨水口（除注明外）排水管径均为 DN200，小区道路排水管及绿化雨水口排水管均采用波纹管（HDPE，详产品安装手册），坡度为 0.5%。

（2）检查井与雨水口的规格详原已设计的排水总图。

（3）泳池，人工湖，水景点旁边只预留排水井，具体布管如何接至预留井另详工艺图。

（4）绿化排水管道敷设用沙石垫层，夯实后才能埋管。

（5）本图只负责在已设计的排水总图上根据环境图布置道路硬铺地面与绿化带雨水口，不涉及原排水管径和标高的改动。

（6）检查井，雨水口与跌水井大样详所附通用图。

（7）未设雨水口的绿化池设泄水口（详建施大样）。

（8）图例。

| | |
|---|---|
| - - - - - - - - - - | 小区道路排水管道 |
| ——————— | 本图设计雨水管道 |
| ○ | 检查井（井盖平路面） |
| □ | 跌水井（750×750） |
| ■ | 雨水口（400×300） |
| ‖‖‖‖‖‖‖‖‖‖‖‖‖‖ | 道路截水沟 |

（9）在花池的检查井盖标高与泥面平齐；井盖与雨水水口位置如与树池有冲突时经设计同意后可现场调整。

（10）未尽事宜详有关施工规范。

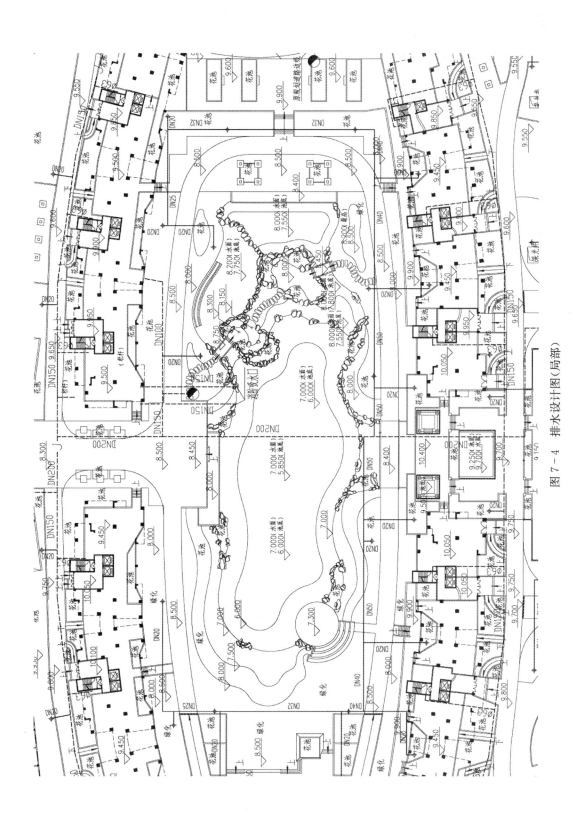

图 7 - 4　排水设计图（局部）

**习题及要求**

(1) 了解"照明电气图"所包含的内容。

(2) 读懂"给水设计图"。

(3) 读懂"排水设计图"。

# 第 8 章
# 施工图纸输出

本章介绍施工图的输出方法,对几种图像传输方法进行了介绍和比较,读者可根据不同的需要选择不同的图像传输方法。

## 8.1　施工图纸的输出

在模型空间绘制图纸,不同的图形线有各自的颜色、线型、线宽、图层等属性。图形绘制完毕,单击绘图窗口下方的"布局1"标签,(在默认情况下,新建一个图纸文件后,AutoCAD自动建立一个布局,名称为"布局1"),进入默认的布局1,进行要在图纸空间中打印的一系列设置。

单击"布局1"标签(或在"布局1"上选择右键菜单(见图8-1)"页面设置",弹出对话框。相关选项介绍如下,单击"打印设备"选项卡。

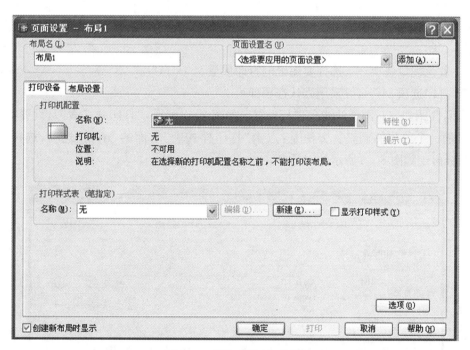

图 8-1　"页面设置"对话框

单击"布局设置"选项卡:

(1)图纸尺寸和图纸单位——选择纸张大小,一般在打印设备确定后,该打印设备可支持的纸张类型就会在下拉列表中出现。

选择图纸单位——一般选择毫米。

(2)图形方向——根据实际情况选择横向或者纵向。

(3)打印区域。

这里的相关概念初学者很容易混淆,故有必要解释一下。

① 布局：打印所创建布局中的图形。

② 范围：所打印图形为绘图界限（Limits 命令）设定的范围。

③ 显示：打印当前屏幕显示的图形。即使只显示局部（例如用放缩工具放大时），也只打印屏幕显示的部分。

④ 窗口：返回到绘图窗口进行选择，将矩形选择框内的图形打印。

以上打印范围可根据情况灵活使用，但要注意它们的不同之处，还要理解模型空间和图纸空间的区别。

（4）打印比例——缩小的比例从 1∶1 到 1∶100，放大的比例从 2∶1 到 100∶1，可以根据需要选择。

指定单位对应：1 mm 相当于模型空间中的 N 绘图单位。

缩放线宽——图形一般要按比例绘制，根据相关绘图标准，各种图线要设定不同线宽。比如可见轮廓线为 0.4 mm，在打印时如果改变比例，此选项将决定线的宽度是否随之按比例改变。

（5）打印偏移——在此设定图形在纸张上 X、Y 方向的偏移量，一般采用默认数值即可。

（6）着色视口选项——选择要图纸的打印质量。

（7）打印选项——一般采用默认选项即可。

下面，介绍如何对图纸的线条进行设置。如图 8-2 所示，"打印样式表"是设置线条，颜色，粗细的一个整体的调整。方法是：点击"打印样式表"右面的"编辑"选项，选择"acad.ctb"，就会出现如图 8-3 所示的对话框。

图 8-2　打印样式表

图 8-3　打印样式表编辑器

　　施工图的图纸一般要求黑白打印,所以要将"打印样式"中颜色全部选中,在"特性"中将颜色指定为"黑色",如图 8-3 所示。

　　接下来,就要对图形中的线宽进行设置,这也是打印设置中较为关键的一部。在采用 CAD 技术绘图时,尽量用"色彩"控制绘图笔的宽度,而尽量少用多义线(PLINE)等有宽度的线,以加快图形的显示,缩小图形文件。

　　所有施工图纸,均参照表 8-1 所列线宽进行设置。

表 8-1　施工图线宽设置

| 组别 | | | |
|---|---|---|---|
| 种类 | 粗线 | 中粗线 | 细线 |
| 建筑图 | 0.50 | 0.25 | 0.15 |
| 结构图 | 0.60 | 0.35 | 0.18 |
| 电气图 | 0.55 | 0.35 | 0.20 |
| 给排水 | 0.60 | 0.40 | 0.20 |
| 暖通 | 0.60 | 0.40 | 0.20 |

　　当然表 8-1 中的线宽设置是对各种类型图纸线型的大致分类。具体线型线宽可参考本书第二章中的表 2-5 常用线型。

　　全部设置好以后,在"打印预览"里查看如没有问题,返回后单击"打印"按钮就可输出图纸了。

## 8.2　图像传输方法

本节介绍 AutoCAD 至 Photoshop 的几种图像传输方法。

### 8.2.1　以 Illustrator 作为中间过渡软件的传输方法

步骤如下：

（1）在 Illustrator 中执行文件菜单下的"打开"命令，在文件类型中选择格式，选择要打开的文件，单击"打开"按钮。

（2）在 Illustrator 中选择另存为命令，将图形保存为 PDF 文件格式。

（3）在 Photoshop 中打开刚存储的 PDF 格式文件。

注意：在图形传输过程中必须确保图形中所有线条均闭合，这样有助于在 Photoshop 中用魔棒选择对象。

### 8.2.2　屏幕抓图法

步骤如下：

（1）启动 AutoCAD 并打开需要转化的图，关闭不需要的图层，并将所有可见的图层的颜色都转化为同一种颜色——白色。

（2）在菜单命令"工具"中选择"选项"，在弹出的对话框中选中"显示"标签，单击"颜色"按钮，弹出一对话框，在其中将屏幕作图区的颜色改为白色后，单击"确定"按钮，注意此时屏幕作图区的底色变为白色。而原来设置为白色的图层现在以黑色来显示，如图 8-4 所示。

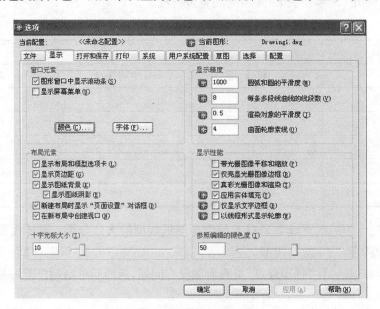

图 8-4　"选项"设置

（3）按下键盘的"Printscreen"按钮,将当前屏幕以图像的形式存入剪贴板,然后关闭 AutoCAD。

（4）打开 Potoshop,执行菜单命令"新建",文件尺寸使用缺省值。背景内容为白色。

（5）使用菜单,将剪贴板中暂存的图像粘贴到当前文件之中,利用剪切工具将周围不同的区域剪裁掉。

（6）利用"魔术棒"工具选择不同区域,加以润色即可。

屏幕抓图法的优点:此方法充分利用了系统的资源,操作简单,易于使用。

屏幕抓图法的缺点:只能获得固定尺寸的图像,且所获图像的大小取决于屏幕所设的分辨率。一般不能满足出一张大图的需要,此方法仅适用于出小图。由于传入 Photoshop 的图为图像文件,因此线条没有单独区分出一层,增加了修改的难度,且灵活性不够。

### 8.2.3　输出位图(BMP)法

步骤如下:

（1）同屏幕抓图法,打开需转化的图。并使屏幕作图区为白底黑线。

（2）使用菜单命令"文件"—"输出",在保存类型中选择"bmp"选项,单击"保存"按钮后,返回屏幕作图区。在命令行提示选择物体,选择要传输的物体后,即已将所选择的图形以 BMP 的格式保存为一个图像文件,关闭 AutoCAD。

（3）进入 Photoshop,打开刚才所保存的位图文件。

（4）利用魔术棒工具选择不同颜色区域,加以润色即可。

输出位图法的优点:较上面介绍的屏幕抓图法操作更简单直接且效果毫不逊色。

输出位图法的缺点:与屏幕抓图法的缺点相同,仅适用于制作小图的需要,且转入 Photoshop 修改中有一定的难度,灵活性也不够。

### 8.2.4　配置打印机法

步骤如下:

（1）打开需转化的图并关闭不需要的图。

（2）执行菜单命令"文件"—"打印机管理",弹出对话框,单击"添加打印机向导"按钮,用于新增一个打印机。

双击添加打印向导快捷方式,打开"添加打印机简介—窗口",单击"下一步"按钮,出现如图 8-5 所示窗口,按提示逐项选择,直至添加完毕。

（3）执行菜单命令"文件"—"打印机管理器",弹出一个打印对话框。

在弹出的对话框中单击"下一步"按钮两次,跳出如图 8-6 所示的对话框。在"生产商"中选择第一个,在"型号"中选择第二个类型。继续单击"下一步"按钮,可以为新建的虚拟打印机命名,这样以后需要导出图纸的时候都可以选用这个虚拟打印机,而不需要重复设置。

景观施工图识图与绘制

图 8-5　添加打印机

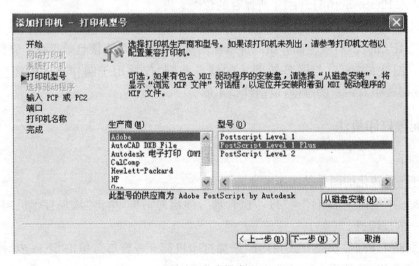

图 8-6　选择类型

　　在该对话框"打印设备"页面中的"打印机设置"下的下拉列表框中,选择刚刚配置的打印机,再将"打印样式标"的"名称"设为"acad. ctb",再设置保存的文件名及输出路径,如图 8-7 所示。这一步很重要,默认的保存路径和原施工图 CAD 文件的位置是一致的。AutoCAD2004 以后的版本是先虚拟打印,然后选择文件保存位置,其他的设置基本都是一样的。

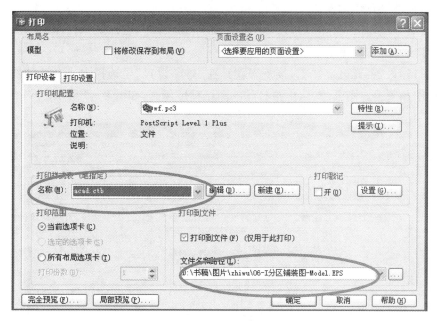

图 8 - 7　虚拟打印设置

　　虚拟打印和真正的打印在"打印样式"的设置是一样的。在"打印样式表"中设置"acad.ctb"为打印样式后,单击右面的"编辑"按钮,弹出如图 8 - 8 所示的对话框。

图 8 - 8　设置线型

　　在"格式视图"中将左面的"打印样式"全选,在右面的"颜色"框中选择"黑色",这样保证导出的图纸为单色图。可以根据图面的需要将线宽进行单独设定,其他的线宽为默认即可。

最后将修改好的设置进行保存。

设置好后在刚才的"打印"对话框中选择"打印到文件",这样虚拟打印后的图纸就会自动保存在你设定好的目录下,如图8-7所示。

现在"打印设备"就设定好了,接下来就是在"打印设置"里选择大小合适的图纸。方便PS后期操作和制图。图纸越大,虚拟打印的图纸精度越高,如图8-9所示。

图8-9 选择图纸

(4) 退出CAD后,进入Photoshop打开刚才所存的文件。利用魔术棒工具选择不同颜色区域,并加以润色即可。此方法是一个被广泛应用的方法。

用此方法输出的文件为EPS格式,它的特点是只有线框没有底图。进入Photoshop,直接打开保存的EPS文件,根据最后的出图要求确定文件的分辨率,并确定"背景内容"项中"白色"选项为选中状态,单击"确定"按钮。

此时可以按下"shift"键的同时,拖动矩形框色个角上的处理柄以调整输入图形的大小,拖至合适位置后,按下回车键,则将AutoCAD中的图像调入了。利用魔术棒工具选择不同颜色区域,并加以润色即可。

## 习题及要求

(1) 掌握施工图的输出方法。

(2) 重点掌握"配置打印机法"的图像传输方法。

# 第9章
# 园林工程概预算与实例

本章内容包括：园林工程造价的分类及各种类型的作用、编制依据和方法，并以本书案例方案为例，进行园林工程造价实例的讲解。

# 9.1　园林工程造价

园林工程造价按照不同的阶段和目的可以分为概算、预算和结算，就是我们通常说的"三算"。在园林工程项目的不同阶段，项目投资有概算、预算和结算等不同称呼，这些"算"的依据和作用不同，其准确性也"渐进明细"，一个比一个更真实地反映项目的实际投资或工程造价。

## 9.1.1　园林工程概算

概算也叫设计概算，设计概算发生在初步设计或扩大初步设计阶段；概算需要具备初步设计或扩大初步设计图纸，根据设计总说明、设备清单、概算定额或综合定额、各种费用标准和经济技术指标等资料进行编制；编制概算要注意不能漏项、缺项或重复计算，标准要符合定额或当地园林建设工程相关规范。

### 9.1.1.1　设计概算的主要作用

在园林工程建设中，设计概算是确定一个项目从筹建到竣工交付使用所发生的全部建设费用，是工程建设程序的重要组成部分。其作用主要有以下几方面：

（1）设计概算是编制建设项目投资计划、确定和控制建设项目投资的依据。国家规定，编制年度固定资产投资计划，确定计划投资总额及其构成数额，要以批准的初步设计概算为依据，没有批准的初步设计及其概算的建设工程不能列入年度固定资产投资计划。

经批准的建设项目设计总概算的投资额，是该工程建设投资的最高限额。在工程建设过程中，年度固定资产投资计划安排，银行拨款或贷款，施工图设计及其预算，竣工决算等，未经按规定的程序批准，都不能突破这一限额，以确保国家固定资产投资计划的严格执行和有效控制。

（2）设计概算是考核建设项目投资效果的依据。通过设计概算与竣工决算对比，可以分析和考核投资效果的好坏，同时还可以验证设计概算的准确性，有利于加强设计概算管理和建设项目的造价管理工作。

（3）设计概算是设计方案比较的依据。所谓设计方案比较，目的是选择出技术先进可靠经济合理的方案；当某个设计方案提出后，可以对其方案概算中的技术指标、单位面积造价、各分部工程造价等一系列指标进行比较和分析，在满足使用功能的条件下，选择经济合理造价和资源消耗低的最优方案。

（4）设计概算是控制施工图设计和施工图预算的依据。经批准的设计概算是建设项目投资的最高限额，设计单位必须按照批准的初步设计和总概算进行施工图设计，施工图预算不得突破设计概算。如确需突破总概算时，应按规定程序报经审批。

（5）设计概算是工程造价管理及编制招标标底和投标报价的依据。在不具备施工图预算的情况下,设计概算还可以作为制定工程标底的基础。同样在实行建设项目投资包干时,其项目包干费通常也以概算为计算依据。国家提出要全面推行建设项目投资包干经济责任制,一次包死,节约成本,以调动工程建设单位的积极性。在保证工程质量的前提下,节约建设费用,积极发挥投资效益。因此,编好设计概算是实行建设项目投资包干的重要环节。

9.1.1.2　设计概算的编制依据

设计概算的编制包括以下内容:

(1)国家及省、自治区、直辖市颁发的有关法令法规、制度、规程。

(2)设计任务书。通常我们又叫计划任务书,是国家规定的审批程序文件,项目的设计必须以设计任务书为依据。一般设计任务书的内容包括建设项目内容、建设规模、建设依据、建设布局、建设进度和建设估算等内容组成。所以设计任务书是项目设计的前提,也是编制设计概算的重要依据。

(3)设计总说明、总平面图、工程项目一览表、设备材料表和有关图纸。

(4)相配套的概算定额。通常所指的概算定额分为概算定额、综合定额、综合预算定额及估算指标。编制设计概算时,如果没有相配套的以上三种定额,通常采用的方法是在相关配套的预算定额的基础上乘以相应的规定系数,(如市场调价因素)予以确定设计概算的造价。

## 9.1.2　园林工程预算

预算也叫施工图预算,发生在施工图设计阶段。预算需要具备施工图纸,汇总项目的人、机、料的预算,确定建设工程的造价。编制预算关键是计算工程量、准确套用预算定额和取费标准。

9.1.2.1　工程预算的作用

工程预算是确定工程施工合同的重要组成部分。施工单位在工程开工之前,根据已批准的施工图纸和定的施工方案,按照现行的工程预算定额计算各分部分项工程的工程量,并在此基础上逐项地套用相应的单位价值,累计其全部直接费,再根据各项费用取费标准进行计算,最后计算出单位工程造价和技术经济指标,再根据分项工程的工程量分析出材料、机械和人工用量。工程预算的作用如下:

(1)作为确定园林绿化工程造价,银行拨付工程款或贷款的依据。

(2)作为建设单位与施工单位签订承包经济合同、办理工程竣工结算及工程招标投标的依据。

(3)作为施工企业组织生产、编制计划、统计工作量和实物量指标的依据,同时也是考核工程成本的依据。

(4)是设计单位对设计方案进行技术经济分析比较的依据。

9.1.2.2　园林绿化工程预算的编制依据

编制工程预算,主要依据下列技术资料及有关规定:

(1)施工图纸、设计说明书和各类标准图集。

(2)施工组织设计。

（3）工程定额预算。

（4）基本建设材料预算价格及有关材料调价的规定，人工人资标准，施工机械台班。

（5）园林绿化工程管理费及其他费用定额。

（6）工具书及有关手册。

#### 9.1.2.3　园林绿化工程预算的编制程序

编制的工程预算应在设计交底及会审图纸的基础上按下列程序和方法进行：

（1）搜集各种编制依据资料。如预算定额，材料预算价格，机械台班费等。

（2）熟悉施工图纸和施工说明书。设计图纸和施工说明书是编制工程预算的重要基础资料，它为选择套用定额子目、取定尺寸和计算各项工程量提供重要的依据，因此，在编制预算之前，必须对设计图纸和施工说明书进行全面细致的熟悉和审查，从而掌握及了解设计意图和工程全貌，以免在选用定额子目和工程量计算上发生错误。

（3）熟悉施工组织设计和现场情况。施工组织设计是由施工单位根据工程特点施工现场的实际情况等各种有关条件编制的，它是编制预算的依据。

（4）学习并掌握好工程预算定额及其有关规定。为了提高工程预算的编制水平，正确地运用预算定额及其有关规定，必须认真地熟悉现行预算定额的全部内容，了解和掌握定额子目的工程内容、施工方法、材料规格、质量要求、计量单位、工程量计算规则等，以便能熟练地查找和正确地应用。

（5）确定工程项目计算工程量。工程项目的划分及工程量计算，必须根据设计图纸和施工说明书提供的工程构造，设计尺寸和做法要求，结合施工现场的施工条件，按照预算定额的项目划分、工程量的计算规则和计量单位的规定，对每个分项工程量进行具体计算。它是工程预算编制工作中最繁重、细致的环节，工程量计算的正确与否将直接影响预算的编制质量和速度。

① 确定工程项目：在熟悉施工图纸及施工组织设计的基础上，要严格按定额的项目确定工程项目。为了防止丢项、漏项的现象发生，在编项目时应首先将工程分为若干分部工程，如：基础工程、主体工程、门窗工程、园林建筑小品工程等。

② 计算工程量：正确地计算工程量，对基本建设计划，统计施工作业计划工作、合理安排施工进度、组织劳动力和物资的供应都是不可缺少的，同时也是进行基本建设财务管理与会计核算的重要依据。所以，工程计算不单纯是技术计算工作，它对基本建设发展有重要意义。

#### 9.1.2.4　编制工程预算书

编制工程预算书包括以下步骤：

（1）编制单位预算价值。填写预算单价时要求严格按照预算定额中的子目及有关规定进行，使用单价要正确，每一分项工程的定额编号，工程项目名称、规格、计量单位。单价均应与定额要求相符，要防止错套，以免影响预算的质量。

（2）计算工程直接费。单位工程直接费是各个分部分项工程直接费的总和，是用分项工程量乘以预算定额工程预算单价而求得的。

（3）计算其他各种费用。单位工程直接费计算完毕。即可计算施工管理费、独立费、法定利润以及按规定应计取的其他各种费用。

（4）计算工程预算总造价。汇总工程直接费、其他直接费、现场经费、间接费，最后求得工程预算总造价。

（5）编写"工程预算书的编制说明"，填写工程预算书的封面。

#### 9.1.2.5 工料分析

工料分析是在编写预算时，根据分部分工程项目的数量和相应定额中的项目所列的用工及用料的数量，算出各工程项目所需的人工及用料数量，然后进行统计汇总，计算出整个工程的工料所需数量。

#### 9.1.2.6 复核、装订、签章及审批

复核是指一个工程预算编制出来后，由本企业的有关人员对所编制预算的主要内容及计算情况进行一次检查核对，以便及时发现可能出现的差错并及时纠正，提高工程预算准确性。工程预算审核无误经上级机关批准后，送交建设单位和银行审批。

#### 9.1.2.7 园林工程预算方法

编制施工图预算常用单价法和实物法两种方法。

1）单价法

用单价法编制施工图预算，就是根据地区统一单位估价表中的各分项工程综合单价，乘以相应的各分项工程量，相加得到单位工程的人工费、材料费和机械使用费三者费用之和。再加上其他直接费、间接费、计划利润和税金，即可得到单位工程的施工图预算。具体步骤如下：

（1）准备资料。在编制预算之前，要准备好施工图纸、施工方案或施工组织设计，图纸会审记录、工程预算定额、施工管理费和其他费用定额、材料、设备价格表、各种标准图册、预算调价文件和有关技术经济资料等编制施工图预算所需的资料。

（2）熟悉施工图纸，了解施工现场。施工图纸是编制预算的工作对象，也是基本依据。预算人员首先要认真阅读和熟悉施工图纸，将建筑施工图、结构施工图、给排水、暖通、电气等各种专业施工图相互对照，认真核对图纸是否齐全，相互间是否有矛盾和错误，各分部尺寸之和是否等于总尺寸，各种构件的竖向位置是否与标高相符等。还要熟悉有关标准图，构、配件图集，设计变更和设计说明等，通过阅读和熟悉图纸，对拟编预算的工程建筑、结构、材料应用和设计意图有一个总体的概念。

在熟悉施工图纸的同时，还要深入施工现场，了解施工方法、施工机械的选择、施工条件及技术组织措施和周围环境，使编制预算所需的基础资料更加完备。

（3）计算工程量。工程量的计算，是编制预算的基础和重要内容，也是预算编制过程中最为繁杂而又十分细致的工作。所谓工程量是指以物理计量单位或自然计量单位表示的各个具体分项工程的数量。工作量计算的步骤如下：

① 根据工程内容和定额项目，列出计算工程量的分部分项工程。

② 列出计算式。预算项目确定后，就可根据施工图纸所示的部位、尺寸和数量，按照一定的顺序，列出工程量计算式，并列出工程量计算表。

③ 进行计算。计算式全部列出后，就可以按照顺序逐式进行计算，核对检查无误后把

计算结果填入计算表内。

对计算结果的计量单位进行调整，使之与定额中相应的分部分项工程的计量单位保持一致。

（4）套用预算单价。工程量计算完并经自己检查认为无差错后，就可以进行套用预算单价的工作。首先，把计算好的分项工程量及计算单位，按照定额分部顺序整理，填写到预算表上。然后从预算定额（单位估价表）中查得相应的分项工程的定额编号和单价填到预算表上，将分项工程的工程量和该项单价相乘，即得出该分项工程的预算价值。在套用预算单价时，注意分项工程的名称、规格和计算单位估价表上所列的内容完全一致。

（5）计算工程直接费。首先把各分项工程的预算价值相加求出各分部工程的预算价值小计数，再把各分部工程预算价值小计数相加求得单位工程的预算合价。同时，按照地方主管部门颁布的综合调价系数，计算工程调价费用，将单位工程预算合价和工程调价相加，即为单位工程的定额直接费。然后，按照当地主管部门规定的项目和费率计算其他直接费。单位工程的定额直接费与其他直接费之和，即为单位工程直接费。

（6）计算工程间接费。计算间接费，建筑工程以工程直接费为计算基础，安装工程以直接费中的人工费为计算基础，分别乘以规定的费率。

（7）计算计划利润和税金。具体按各地方主管部门规定的计划利润和税金的计取基数、费率标准计算计划利润和税金。

（8）确定单位工程预算造价。将以上各项费用相加，即可得出单位工程预算造价。

（9）编制说明、填写封面。编制说明是编制方向审核方交代编制的依据，可以逐条分述。主要应写明预算所包括的工程内容范围，不包括哪些内容，依据的图纸号、承包企业的等级和承包方式，有关部门现行的调价文件号，套用单价需要补充说明的问题及其他需说明的问题。

封面应写明工程编号、工程名称、工程量、预算总造价和单位造价、编制单位名称、负责人和编制日期以及审核单位的名称、负责人和审核日期等。

2）实物法

用实物法编制施工图预算，主要是先用计算出的各分项工程的实物工程量，分别套取预定额，并按类相加，求出单位工程所需的各种人工、材料、施工机械台班的消耗量，然后分别乘以当时当地各种人工、材料、施工机械台班的实际单价，求得人工费、材料费和施工机械使用费，再汇总求和。其他直接费、间接费、计划利润和税金等费用的计算方法均与单价法相同。具体步骤如下：

（1）准备资料。

（2）熟悉施工图纸，了解施工现场。

（3）计算工程量。

（4）计算人工工日消耗量、材料消耗量、机械台班消耗量。根据预算人工定额所列的各类人工工日的数量，乘以各分项工程的工程量，算出各分工程所需的各类人工工日的数量，然后经统计汇总，获得单位工程所需的各类人工工日消耗量。同理，可以计算出材料消耗量、机械台班消耗量。

（5）计算工程直接费。用当时、当地的各类实际人工工资单位，乘以相应的人工工日消耗量，算出单位工程的人工费。同样，用当时、当地的各类实际材料预算价格，乘以相应的材料消耗量，算出单位工程的材料费；用当时、当地的各类实际机械台班费用单价，乘以相应的机械台班消耗量，算出单位工程的机械使用费。将这些费求和。再加上按照当时规定的费率计算出来的其他直接费，即为单位工程直接费。

（6）计算工程间接费。

（7）计算计划利润和税金。

（8）确定单位工程预算造价。将以上各项费用相加，即可得出单位工程预算造价。

（9）编制说明，填写封面。

## 9.1.3　园林工程结算

结算也叫竣工结算，发生在工程竣工验收阶段；结算一般由工程承包商（施工单位）提交，根据项目施工过程中的变更洽商情况，调整施工图预算，确定工程项目最终结算价格；结算的依据是施工承包合同和变更洽商记录（注意各方签字），准确计算暂估价和实际发生额的偏差，对照有关定额标准，计算施工图预算中的漏项和缺项部分的应得工程费用。

### 9.1.3.1　工程结算的依据

在工程结算过程中，结算资料是编制工程结算的重要依据，它是在施工过程中不断收集形成的，必须为原始资料。包括招标文件、投标文件、施工合同、设计图、竣工图、签证单、设计变更单、图纸交底及图纸会审纪要、各种验收资料、停工报告、会议纪要、工程所执行的定额文件、国家及地方调整文件等。在此，我们列举部分重要的结算资料如下：

（1）施工合同和有关协议、规定。

（2）中标投标书的报价单。

（3）施工图及设计变更通知单、施工变更记录、技术经济签证。

（4）工程预算定额、取费定额及调价规定。

（5）有关施工技术资料。

（6）工程竣工报告和工程验收单。

（7）工程质量保修书。

（8）其他有关资料。

### 9.1.3.2　竣工结算的编制方法

在编制竣工结算前，应该熟悉结算资料。同时对资料进行分类、分项编号汇总，计算工程量，分析合同内所包含的内容。根据签证单的编号，按照施工顺序，查看定额、套项。每个签证单做一个分项，以便于审查。在套定额前，应知道套项有关计算规则及说明（定额每个章节前有注明）。具体编制方法如下：

（1）对工程实施过程中，发生变化不大的工程，根据原有施工图合同造价为基础，根据合同规定的计价方法，对照原有资料，作相应增减账，进行适当调整，最终作为竣工结算造价的方法。这种方法在园林工程中运用较普遍。

（2）对工程实施过程中，发生变化较大的工程，根据设计变更资料，必须重新绘制竣工图。在双方认可的竣工图基础上,依据有关资料,重新计算工程项目,编制工程竣工造价结算书。这种方法正确度较高,但需大量的时间、精力,往往影响工程款项的及时回收。对园林工程而言,这种情况发生较少,这种方法也较少采用。

## 9.2　园林工程造价实例

### 9.2.1　植物部分概算

这一节的工程概算书即为本书案例——五洲花城的植物部分。

这里要了解几个常用的概念:胸径是指距地面 1.3 米处的树干的直径;苗高是指从地面起到顶梢的高度;冠径是指展开枝条幅度的水平直径。条长是指攀缘植物从地面到顶梢的长度。年生是指从繁殖起到掘苗止的树龄。

一般树木栽植,乔木胸径在 3~10 厘米以内,苗高在 1~4 米以内。如果大于此规格即属于大树栽植,以大树移植执行。大树的规格,乔木以胸径 10 cm 以上为起点,分 10~15 cm、15~20 cm、20~30 cm、30 cm 以上四个规格。

在植物栽植中,还要考虑各种植物材料的损耗率。一般乔木、果树、花灌木、常绿树的损耗率为 1.5%;绿篱、攀援植物为 2%;草坪、木本花卉、地被植物为 4%;草花为 10%。

下表工程概算书中,H 即为苗高,P 为冠径、Φ 为胸径,单位为厘米。花卉种植与草坪铺栽工程工程量计算规则为:(按每平方米栽植数量)草花 25 株、木本花卉 5 株、植根花卉草本 9 株、木本 5 株、草坪播种 20 g/㎡。

…工程概算书…

工程名称:＊＊景观绿化工程

| 序号 | 项目名称 | 单位 | 工程量 | 单价 | 合价 | 备注 |
|---|---|---|---|---|---|---|
| **绿化乔木** | | | | | | |
| T1 | 马占相思 H400 P200 Φ8 | 株 | 32.00 | 1 050.00 | 33 600.00 | 全冠,姿佳 |
| T2 | 糖胶树/黑板木 H400 P200 Φ12 | 株 | 40.00 | 1 200.00 | 48 000.00 | 全冠,姿佳 |
| T3 | 面包树 H400 P150 Φ8 | 株 | 19.00 | 600.00 | 11 400.00 | 全冠,姿佳 |
| T4 | 串钱柳 H400 P150 Φ8 | 株 | 20.00 | 320.00 | 6 400.00 | 全冠,姿佳 |
| T5 | 猪肠豆 H400 P200 Φ12 | 株 | 16.00 | 550.00 | 8 800.00 | 全冠,姿佳 |
| T6 | 黄槐 H400 P150 Φ8 | 株 | 35.00 | 650.00 | 22 750.00 | 全冠,姿佳 |
| T7 | 阴香 H500 P150 Φ15 | 株 | 114.00 | 1 800.00 | 205 200.00 | 全冠,姿佳 |
| T8 | 鱼木 H500 P250 Φ15 | 株 | 14.00 | 2 000.00 | 28 000.00 | 全冠,姿佳 |
| T9 | 凤凰木 H500 P250 Φ15 | 株 | 29.00 | 1 650.00 | 47 850.00 | 全冠,姿佳 |
| T10 | 花叶刺桐 H600 P250 Φ15 | 株 | 29.00 | 2 800.00 | 81 200.00 | 全冠,姿佳 |

| 序号 | 项目名称 | 单位 | 工程量 | 单价 | 合价 | 备注 |
|------|----------|------|--------|------|------|------|
| T11 | 美叶桉 H600 P200 Φ8 | 株 | 9.00 | 750.00 | 6 750.00 | 全冠,姿佳 |
| T12 | 柠檬桉 H600 P200 Φ8 | 株 | 151.00 | 700.00 | 105 700.00 | 全冠,姿佳 |
| T13 | 高山榕 H600 P300 Φ20 | 株 | 21.00 | 1 800.00 | 37 800.00 | 全冠,姿佳 |
| T14 | 高山榕 H400 P200 Φ12 | 株 | 17.00 | 850.00 | 14 450.00 | 全冠,姿佳 |
| T15 | 垂榕 H600 P300 Φ20 | 株 | 36.00 | 1 500.00 | 54 000.00 | 全冠,姿佳 |
| T16 | 细叶榕 H600 P300 Φ20 | 株 | 7.00 | 1 600.00 | 11 200.00 | 全冠,姿佳 |
| T17 | 银桦 H400 P150 Φ8 | 株 | 52.00 | 380.00 | 19 760.00 | 全冠,姿佳 |
| T18 | 黄槿 H400 P200 Φ8 | 株 | 69.00 | 550.00 | 37 950.00 | 全冠,姿佳 |
| T19 | 龙柏 H400 P200 Φ12 | 株 | 40.00 | 1 200.00 | 48 000.00 | 全冠,姿佳 |
| T20 | 吊瓜 H400 P150 Φ8 | 株 | 5.00 | 450.00 | 2 250.00 | 全冠,姿佳 |
| T21 | 大叶紫薇 H400 P150 Φ8 | 株 | 37.00 | 550.00 | 20 350.00 | 全冠,姿佳 |
| T22 | 枫香 H400 P150 Φ8 | 株 | 15.00 | 800.00 | 12 000.00 | 全冠,姿佳 |
| T23 | 芒果 H400 P150 Φ8 | 株 | 21.00 | 300.00 | 6 300.00 | 全冠,姿佳 |
| T24 | 白千层 H600 P250 Φ15 | 株 | 96.00 | 1 800.00 | 172 800.00 | 全冠,姿佳 |
| T25 | 白千层 H400 P150 Φ8 | 株 | 104.00 | 1 000.00 | 104 000.00 | 全冠,姿佳 |
| T26 | 双翼豆 H500 P250 Φ15 | 株 | 22.00 | 2 000.00 | 44 000.00 | 全冠,姿佳 |
| T27 | 红鸡旦花 H400 P250 Φ8 | 株 | 84.00 | 650.00 | 54 600.00 | 全冠,姿佳 |
| T28 | 垂柳 H400 P200 Φ8 | 株 | 9.00 | 250.00 | 2 250.00 | 全冠,姿佳 |
| T29 | 假苹婆 H400 P250 Φ12 | 株 | 7.00 | 1 450.00 | 10 150.00 | 全冠,姿佳 |
| T30 | 桃花心木 H500 P250 Φ15 | 株 | 24.00 | 1 250.00 | 30 000.00 | 全冠,姿佳 |
| T31 | 海南蒲桃 H400 P250 Φ12 | 株 | 26.00 | 380.00 | 9 880.00 | 全冠,姿佳 |
| T32 | 榄仁树 H400 P200 Φ12 | 株 | 7.00 | 800.00 | 5 600.00 | 全冠,姿佳 |
| T33 | 假槟榔 H300-500 | 株 | 5.00 | 480.00 | 2 400.00 | 全冠,姿佳 |
| T34 | 旅人蕉 H250-400 | 株 | 49.00 | 550.00 | 26 950.00 | 全冠,姿佳 |
| T35 | 王棕 H500 | 株 | 6.00 | 5 500.00 | 33 000.00 | 全冠,姿佳 |
| T36 | 华盛顿葵 H250-400 | 株 | 17.00 | 3 500.00 | 59 500.00 | 全冠,姿佳 |
| **绿化灌木及地被** | | | | | | |
| S1 | 软枝黄蝉 H60 P40 | 株 | 3 199.00 | 4.80 | 15 355.20 | 株距 30 |
| S2 | 姜花 H50 P40 | 株 | 1 108.00 | 4.20 | 4 653.60 | 株距 30 |
| S3 | 洋金凤 H75 P40 | 株 | 926.00 | 6.80 | 6 296.80 | 株距 30 |
| S4 | 红绒球 H60 P50 | 株 | 2 143.00 | 7.90 | 16 929.70 | 株距 40 |
| S5 | 茶花 H60 P40 | 株 | 2 198.00 | 8.20 | 18 023.60 | 株距 30 |

（续表）

| 序号 | 项目名称 | 单位 | 工程量 | 单价 | 合价 | 备注 |
|---|---|---|---|---|---|---|
| S6 | 茶梅 H60 P40 | 株 | 3 634.00 | 6.50 | 23 621.00 | 株距 30 |
| S7 | 美人蕉 H30 P30 | 株 | 378.00 | 4.80 | 1 814.00 | 株距 30 |
| S8 | 红铁树 H40 P30 | 株 | 398.00 | 5.70 | 2 268.60 | 株距 30 |
| S9 | 文殊兰 H40 P30 | 株 | 6 368.00 | 5.50 | 35 024.00 | 株距 30 |
| S10 | 金连翘 H30 P20 | 株 | 14 264.00 | 3.80 | 54 203.20 | 株距 20 |
| S11 | 红背桂花 H60 P40 | 株 | 2 202.00 | 9.50 | 20 919.00 | 株距 40 |
| S12 | 白蝉 H60 P40 | 株 | 48 99.00 | 6.20 | 30 373.80 | 株距 30 |
| S13 | 希美利 H50 P45 | 株 | 7 996.00 | 4.20 | 33 583.20 | 株距 30 |
| S14 | 艳火赫蕉 H50 P40 | 株 | 451.00 | 5.50 | 2 480.50 | 株距 30 |
| S15 | 大红花 H50 P40 | 株 | 2 814.00 | 3.60 | 10 130.40 | 株距 40 |
| S16 | 绣球 H60 P50 | 株 | 454.00 | 15.00 | 6 810.00 | 株距 40 |
| S17 | 新奇士龙船花 H30 P30 | 株 | 7 591.00 | 3.80 | 28 845.80 | 株距 30 |
| S18 | 橙红龙船花 H50 P40 | 株 | 3 805.00 | 3.50 | 13 317.00 | 株距 30 |
| S19 | 南洋樱花 H75 P50 | 株 | 296.00 | 12.00 | 3 552.00 | 株距 40 |
| S20 | 紫薇 H80 P50 | 株 | 297.00 | 6.50 | 1 930.50 | 株距 40 |
| S21 | 红继木 H50 P50 | 株 | 768.00 | 5.80 | 4 454.40 | 株距 40 |
| S22 | 九里香 H50 P40 | 株 | 1 187.00 | 6.20 | 7 359.40 | 株距 40 |
| S23 | 南天竺 H80 P40 | 株 | 895.00 | 12.00 | 10 740.00 | 株距 40 |
| S24 | 野鸡冠 H50 P40 | 株 | 1 274.00 | 6.00 | 7 644.00 | 株距 40 |
| S25 | 黄鸭咀花 | 株 | 77.00 | 4.50 | 346.50 | 株距 20 |
| S26 | 海桐花 H70 P50 | 株 | 1 287.00 | 6.80 | 8 751.60 | 株距 50 |
| S27 | 棕竹 H75 P50 | 株 | 2 946.00 | 7.20 | 21 211.20 | 株距 50 |
| S28 | 紫杜鹃 H50 P40 | 株 | 4 665.00 | 6.40 | 29 856.00 | 株距 40 |
| S29 | 红杜鹃 H30 P30 | 株 | 2 749.00 | 4.80 | 13 195.20 | 株距 30 |
| S30 | 长穗木 H75 P60 | 株 | 804.00 | 8.50 | 6 834.00 | 株距 40 |
| S31 | 天堂鸟 H40 P30 | 株 | 6 059.00 | 5.50 | 33 324.50 | 株距 30 |
| S32 | 新加坡红草 H30 P20 | 株 | 1 099.00 | 2.50 | 2 747.50 | 株距 20 |
| S33 | 巴西花生 H20 P20 | 株 | 11 962.00 | 3.20 | 38 278.40 | 株距 20 |
| S34 | 花叶芋 H10 P20 | 株 | 12 144.00 | 4.80 | 58 291.20 | 株距 20 |
| S35 | 雪茄 H30 P30 | 株 | 34 534.00 | 4.50 | 155 403.00 | 株距 20 |
| S36 | 鸡翼松 H35 P40 | 株 | 3 240.00 | 5.80 | 18 792.00 | 株距 30 |
| S37 | 紫马缨丹 H30 P30 | 株 | 7 443.00 | 4.60 | 34 237.80 | 株距 20 |

（续表）

| 序号 | 项目名称 | 单位 | 工程量 | 单价 | 合价 | 备注 |
|---|---|---|---|---|---|---|
| S38 | 蕨 H30 P20 | 株 | 5 298.00 | 4.90 | 25 960.20 | 株距 20 |
| S39 | 白蝶蝴 H30 P30 | 株 | 5 642.00 | 3.80 | 21 439.60 | 株距 20 |
| S40 | 蟛蜞菊 H25 P20 | 株 | 6 462.00 | 4.20 | 27 140.40 | 株距 20 |
| S41 | 风雨花 H20 P20 | 株 | 34 619.00 | 3.20 | 110 780.80 | 株距 15 |
| S42 | 勒杜鹃 H50 P50 | 株 | 5 728.00 | 8.60 | 49 260.80 | 株距 50 |
| S43 | 使君花 H150 | 株 | 13.00 | 48.00 | 624.00 | 株距 50 |
| S44 | 金杯藤 H100 | 株 | 18.00 | 32.00 | 576.00 | |
| S45 | 朝鲜草 H10 P20 | m2 | 5 719.00 | 12.00 | 68 628.00 | |
| S46 | 石菖蒲 H40 | 株 | 729.00 | 2.50 | 1 822.50 | 株距 15 |
| S47 | 风车草 H60 P50 | 株 | 263.00 | 7.50 | 1 972.50 | 株距 40 |
| S48 | 鸢尾 | 株 | 1 245.00 | 2.00 | 2 490.00 | 株距 20 |
| S49 | 箭叶雨久花 | 株 | 678.00 | 3.00 | 2 034.00 | 株距 20 |
| S50 | 白花睡莲 | 株 | 319.00 | 5.50 | 1 754.50 | 株距 30 |
| S51 | 紫莲花 | 株 | 237.00 | 5.80 | 1 374.60 | 株距 30 |
| S52 | 红花睡莲 | 株 | 202.00 | 6.20 | 1 252.40 | 株距 30 |
| S53 | 细叶春羽 H30 P20 | 株 | 32.00 | 4.80 | 153.60 | 株距 40 |
| S54 | 绿圆叶/水苋菜 | 株 | 139.00 | 7.50 | 1 042.50 | 株距 30 |
| S55 | 慈姑 | 株 | 256.00 | 5.50 | 1 408.00 | 株距 20 |
| S56 | 红菱 | 株 | 1 285.00 | 6.00 | 7 710.00 | 株距 20 |
| S57 | 水烛 | 株 | 13.00 | 12.00 | 156.00 | 株距 40 |
| 合计 | | | | | 2 534 019.90 | |

## 9.2.2 园建部分概算

这一节的工程概算书即为本书案例——五洲花城的园建部分。

9.2.2.1 庭院甬道工程量计算方法

1) 有关计算资料的统一规定

(1) 安装侧石、路牙适用于园林建筑及公园绿地、小型甬路。

(2) 定额中不包括刨槽、垫层及运土，可按相应项目定额执行。

(3) 墁砌侧石、路缘、砖、石及树穴是按1：3白灰砂浆铺底1：3水泥砂浆勾缝考虑的。

2) 工程量计算规则

侧石、路沿、路牙按实铺尺寸以延长米计算。

9.2.2.2 园林小品工程量计算方法

1) 有关计算资料的统一规定

（1）园林小品是指园林建设中的工艺点缀品，它包括堆塑装饰和小型钢筋混凝土、金属构件等小型设施。

（2）园林小摆设系指各种仿匾额、花瓶、花盆、石鼓、座凳及小型水盆、花坛池、花架的制作。

2）工程量计算规则

（1）堆塑装饰工程分别按展开面积以平方米计算。

（2）小型设施工程量：预制或现浇水磨石景窗、平凳、花檐、角花、博古架等，按图示尺寸以延长米计算，木纹板工程量以平方米计算。预制钢筋混凝土和金属花色栏杆工程量以延长米计算。

### 9.2.2.3　园路及园桥工程量计算方法

1）有关计算资料的统一规定

（1）园路包括垫层、面层。

（2）路牙，按相应项目定额另行计算。

（3）园桥包括基础、桥台、桥墩、护坡、石桥面等项目。

2）工程量计算规则

（1）各种园路垫层按设计尺寸，两边各放宽 5 cm 乘以厚度，以立方米计算。

（2）各种园路面层按设计尺寸，按平方米计算。

（3）园桥：毛石基础、桥台、桥墩、护坡按设计尺寸，以立方米计算。石桥面按平方米计算。

---

…工程概算书…

工程名称：＊＊景观绿化工程

| 序号 | 项目名称 | 单位 | 工程量 | 单价 | 合价 | 备注 |
|---|---|---|---|---|---|---|
| | **道路铺装工程** | | | | | |
| 1 | 人工挖土方≤2 m | m³ | 12 820.00 | 4.61 | 59 100.20 | |
| 2 | 整理路床 | m² | 32 046.00 | 0.85 | 27 239.10 | |
| 3 | 水泥砂浆找平层 2 cm 厚 | m² | 27 850.00 | 5.95 | 165 707.50 | |
| 4 | 干铺碎石（碎砖）垫层 | m³ | 4 572.00 | 65.00 | 297 180.00 | |
| 5 | 无筋混凝土垫层 C30 | m³ | 4 265.00 | 420.00 | 1 791 300.00 | |
| 6 | 65 厚黏土砖 | m² | 17 228.00 | 80.00 | 1 378 240.00 | |
| 7 | 天然花岗岩 | m² | 12 231.00 | 250.00 | 3 057 750.00 | |
| 8 | 安全地坪 | m² | 575.00 | 320.00 | 184 000.00 | |
| 9 | 砂岩 | m² | 702.00 | 200.00 | 140 400.00 | |
| 10 | 植草格 | m² | 350.00 | 105.00 | 36 750.00 | |
| 11 | 马赛克水池砖 | m² | 845.00 | 450.00 | 380 250.00 | |

（续表）

| 序号 | 项目名称 | 单位 | 工程量 | 单价 | 合价 | 备注 |
|---|---|---|---|---|---|---|
| 12 | 芬兰防腐木平台 | m² | 115.00 | 550.00 | 63 250.00 | |
| | **小计** | | | | **7 581 166.80** | |
| | **树池\花坛\台阶\侧石** | | | | | |
| 1 | 人工挖土方≤2 m | m³ | 193.00 | 4.61 | 889.73 | |
| 2 | 整理路床 | m² | 386.00 | 0.85 | 328.10 | |
| 3 | 水泥砂浆找平层2 cm厚 | m² | 110.00 | 5.95 | 654.50 | |
| 4 | 干铺碎石（碎砖）垫层 | m³ | 71.00 | 65.00 | 4 615.00 | |
| 5 | 无筋混凝土垫层 | m³ | 62.00 | 350.00 | 21 700.00 | |
| 6 | MU7.5砖 M5水泥砂浆砌筑 | m³ | 24.56 | 238.00 | 5 845.28 | |
| 7 | 30厚黄锈石 | m² | 102.00 | 180.00 | 18 360.00 | |
| 8 | 30厚蓝绿麻 | m² | 97.00 | 250.00 | 24 250.00 | |
| 9 | 50厚中国纯黑麻 | m² | 187.00 | 280.00 | 52 360.00 | |
| 10 | 150×800×200 蓝绿麻路沿 | m | 2 680.00 | 55.00 | 147 400.00 | |
| | **小计** | | | | **276 402.61** | |
| | **景观园建\小品** | | | | | |
| 1 | 喷泉水景 | m² | 105.00 | 600.00 | 63 000.00 | |
| 2 | 景观亭、廊架 | 组 | 4.00 | 48 000.00 | 192 000.00 | |
| 3 | 游泳池水处理系统及配套设施 | 项 | 1.00 | 350 000.00 | 350 000.00 | |
| 4 | 人工湖开挖及驳岸处理 | m² | 3 065.00 | 180.00 | 551 700.00 | |
| 5 | 小桥 | 座 | 2.00 | 35 000.00 | 70 000.00 | |
| 6 | 网球场围网及配套 | 项 | 1.00 | 120 000.00 | 120 000.00 | |
| 7 | 景观围墙 | m | 220.00 | 800.00 | 176 000.00 | |
| 8 | 景观石（造型奇特,艺术价值高） | 吨 | 35.00 | 1 500.00 | 52 500.00 | |
| 9 | 雕塑及景观构筑物 | 组 | 3.00 | 65 000.00 | 195 000.00 | |
| | **小计** | | | | **1 770 200.00** | |
| | **水电工程** | | | | | |
| 1 | 4.5米庭园灯柱（150 W） | 只 | 90.00 | 1 500.00 | 135 000.00 | |
| 2 | 7米网球场射灯（1 000 W） | 只 | 8.00 | 2 000.00 | 16 000.00 | |
| 3 | 特色射灯（250 W） | 只 | 4.00 | 1 200.00 | 4 800.00 | |
| 4 | 庭园低灯（70 W） | 只 | 8.00 | 550.00 | 4 400.00 | |
| 5 | 围栏挂灯（18 W） | 只 | 35.00 | 350.00 | 12 250.00 | |
| 6 | 树灯（120 W） | 只 | 76.00 | 450.00 | 34 200.00 | |

（续表）

| 序号 | 项目名称 | 单位 | 工程量 | 单价 | 合价 | 备注 |
|---|---|---|---|---|---|---|
| 7 | 入墙灯（70 W） | 只 | 98.00 | 120.00 | 11 760.00 | |
| 8 | 水池灯（9 W） | 只 | 22.00 | 600.00 | 13 200.00 | |
| 9 | 水池灯（120 W） | 只 | 74.00 | 180.00 | 13 320.00 | |
| 10 | 泳池灯（300 W） | 台 | 28.00 | 580.00 | 16 240.00 | |
| 11 | 藏地树灯（70 W） | 只 | 414.00 | 125.00 | 51 750.00 | |
| 12 | 7 米街柱灯（250 W） | 只 | 44.00 | 2 500.00 | 110 000.00 | |
| 13 | 铜芯电缆及套管〔YJV〕 | m | 3 500.00 | 32.00 | 112 000.00 | |
| 14 | DN200 雨水管道 | m | 3 200.00 | 85.00 | 272 000.00 | |
| 15 | PVC 给水管道 | m | 2 800.00 | 45.00 | 126 000.00 | |
| 16 | 灌溉取水阀 | 套 | 75.00 | 350.00 | 26 250.00 | |
| 17 | 阀门及水表 | 套 | 6.00 | 3 000.00 | 18 000.00 | |
| | **小计** | | | | **977 170.00** | |
| | **合计** | | | | **10 604 939.41** | |

## 习题及要求

（1）园林工程造价的分类及作用有哪些？

（2）初步了解园林工程造价的内容。

# 参考文献

〔1〕 中国建筑标准设计研究院.06SJ805 建筑场地园林景观设计深度及图样〔S〕.北京:中国计划出版社,2006-9-1.

〔2〕 杨超英.珠海五洲花城一期 澳洲园〔J〕.建筑创作,2006(11).

# 后　记

作为一名园林工程技术专业的教师,对在执教时专业教材的匮乏和陈旧深有体会。尤其是对于园林工程技术这个实践性很强的专业,能有一本基础性的指导教材是非常必要的。本书编著的初衷就是为那些就读于园林专业或相关专业的学生及相关行业的在职人员,提供一本景观施工图的入门教材。使得这部分读者在掌握了基本的 AutoCAD 绘图软件的操作方法后,能够通过本书的介绍和引导了解和掌握景观施工图的基本绘制方法,走出迈向施工图绘制的第一步。同时,书中介绍了很多在施工图绘制过程中的小窍门和方法,能够帮助读者快速地把 CAD 软件的学习和本专业的具体实践结合起来,最终达到熟练绘制施工图的目的。

目前的景观行业对于已经毕业或即将毕业的相关专业学生而言,能够吸纳人数最多的岗位就是方案的设计与制作和施工图的绘制这两大块。而大部分学生在学校往往接触和学习最多的是对设计方面的知识,而对于市场需求较大的施工图领域往往接触很少。这就造成了课堂知识和市场需求之间的脱节,不利于学生的就业和专业的发展。而目前市场上相关的书籍几乎没有,有关园林 CAD 方面的书籍也只是对软件命令的简单介绍,没有针对本专业和园林施工图的具体内容进行系统详细的讲解。

我所在的上海济光职业技术学院园林工程技术专业,恰好有校企合作的良好背景以及精品课程建设的契机,在院领导尤其是专业主任王云才老师的积极鼓励和帮助下,我得以有信心完成这个重大而繁琐的工作。结合自己施工图的绘制经验和在课堂教学过程中学生们常常遇到的问题,同时还有校企合作单位设计师们提供的资料和经验,完成了这本书的编著。

在此,我要对上海济光职业技术学院的各位院领导表示感谢。对建筑系主任郑孝正老师、副系主任马怡红老师表示感谢。尤其要感谢的是园林工程技术专业主任王云才老师,没有他的鼓励和帮助就不会有这本书的完成,也要感谢马骥老师对这本书修改和指正。同时要感谢建筑系的各位同事们,与你们在一起非常开心,尤其是杨丽老师,我们并肩奋斗,对我的帮助也很大。感谢我曾经的同事杨青果为本书的编著提供了很多宝贵的建设性意见,部分章节的内容也得到了他的大力协助。

感谢出版社的各位编辑,感谢本书的文字编辑保证了书的文字质量。感谢所有为本书的出版发行付出辛勤劳动的人们。

由于专业水平所限,本书存在的纰漏和不足之处,敬请读者朋友们谅解、指正。

王　芳

2013 年 11 月 26 日